분자모델링 - 기초와 응용

Molecular Modeling

- Basics and applications

박경래

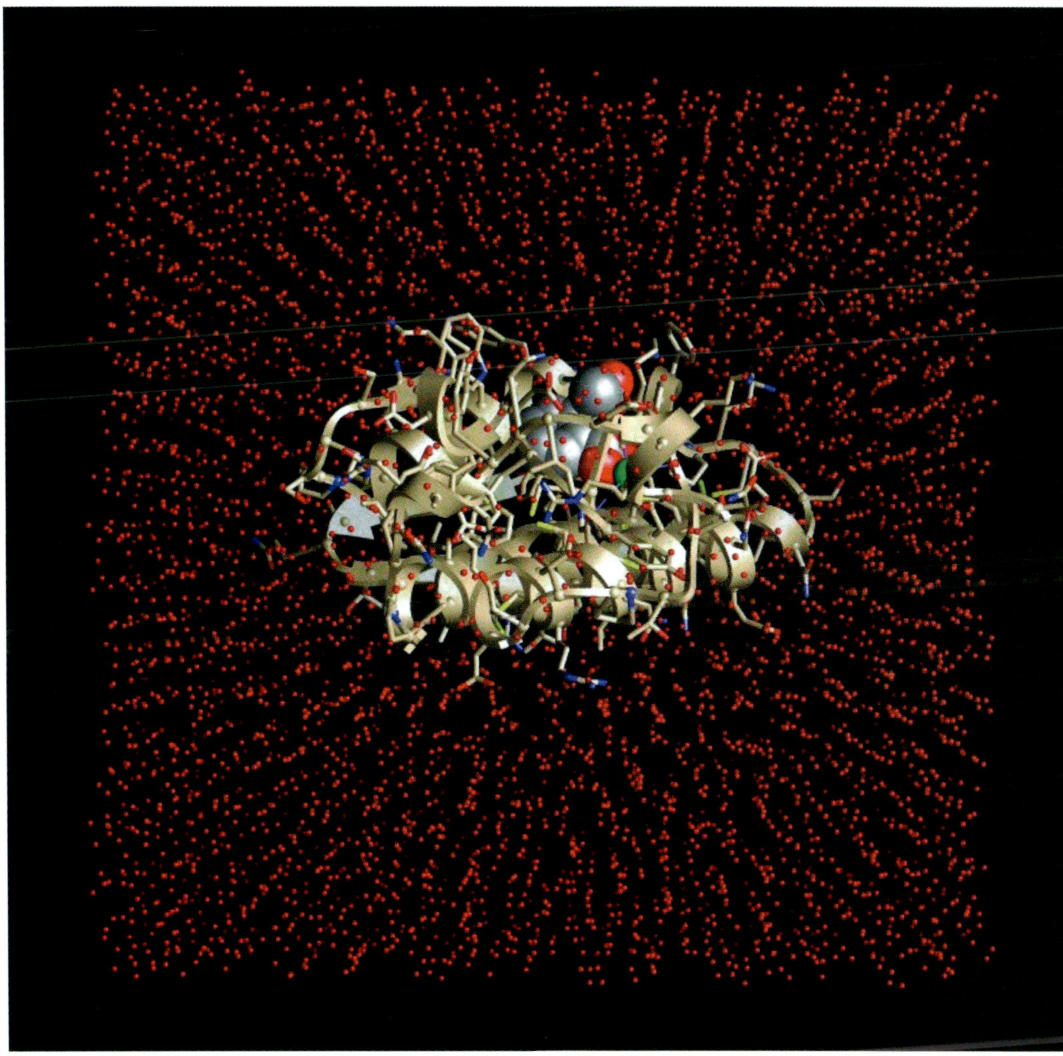

東明社

• 박경래 교수 •

· 충남대학교 약학대학(현재)
· 성균관대학교 화학과 학사(BS)
· 독일뮌헨대학교 화학과 석사(Dipl. Chem.)
· 독일뮌헨대학교 물리화학 박사(Dr.rer.nat.)
· 스위스공대(ETH) 객원교수(분자역학)
· 뉴욕주립대(SUNY) 연구교수(분자동력학)

· 교육 – 의약품분석학, 분자모델링
· 연구 – NMR분광학, 분자구조모델링

분자모델링 –기초와 응용

초판 발행 2013년 10월 5일
초판2쇄 발행 2014년 8월 4일

지은이 박경래
펴낸이 최국주
펴낸곳 동명사
출판등록 1950년 11월 1일(제1-76호)
주소 (우 413-756) 경기도 파주시 회동길 50(문발동)
전화 031-955-7200(대표)~2, 7203(편집부), 7204(물류)
팩스 031-955-7205
전자우편 webmaster@dmsbook.com
홈페이지 www.dmsbook.com

東明社

ISBN 978-89-411-8125-5 93510
값 16,000원

본문 칼라 참조

• 그림 2-2 (p15)

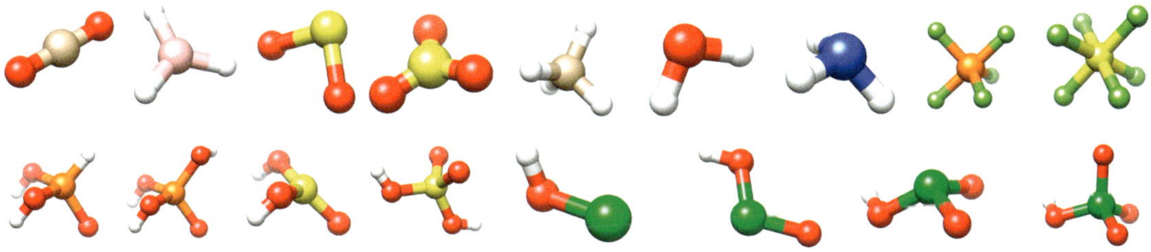

• 그림 3-4 (p54)

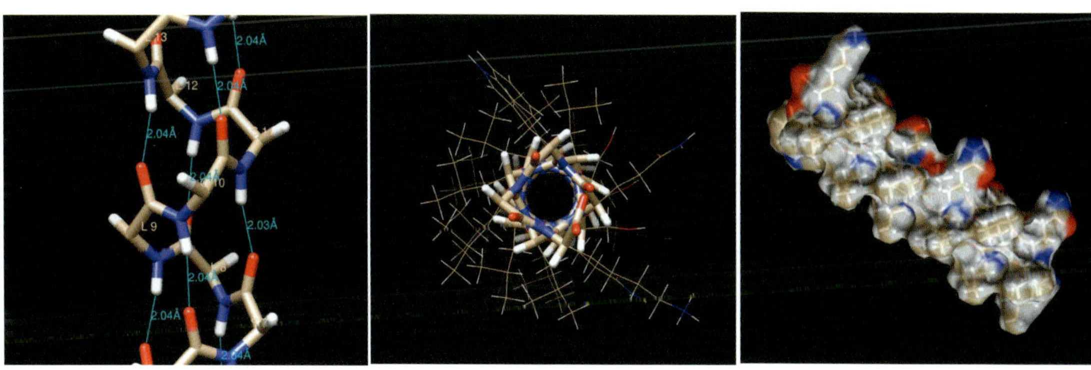

• 그림 3-5 (p56)

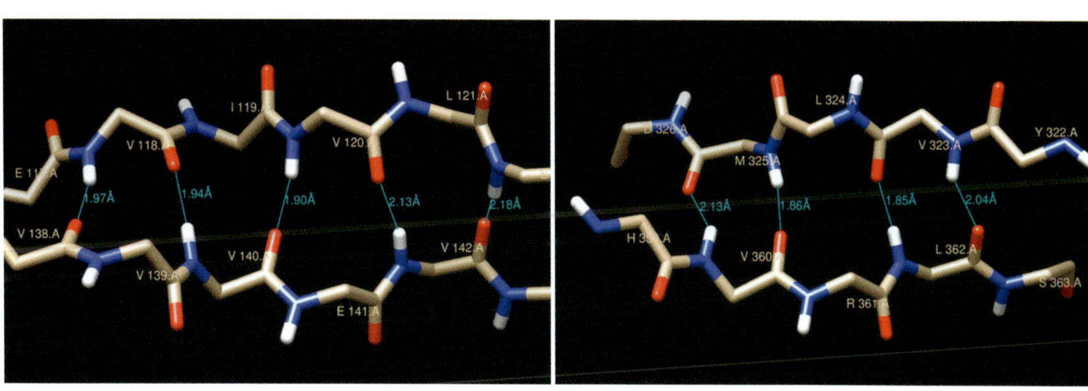

• 그림 4–2 (p75)

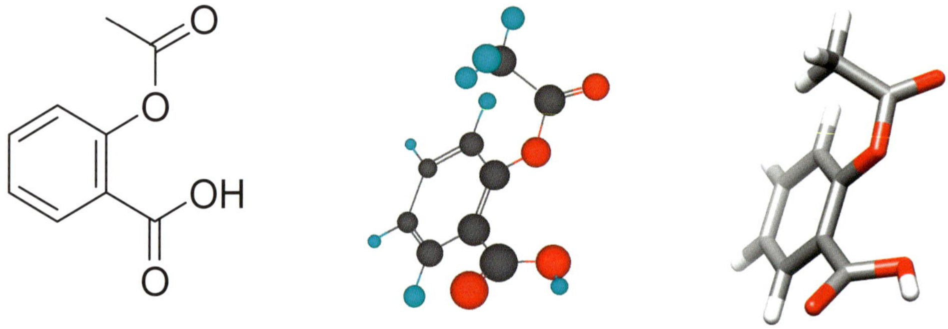

• 그림 4–3 (p92)

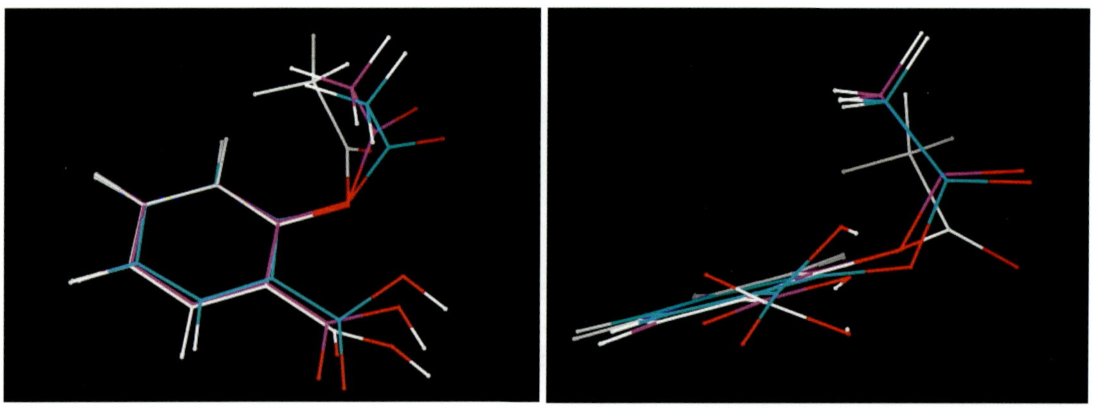

• 그림 4–5 (p97)

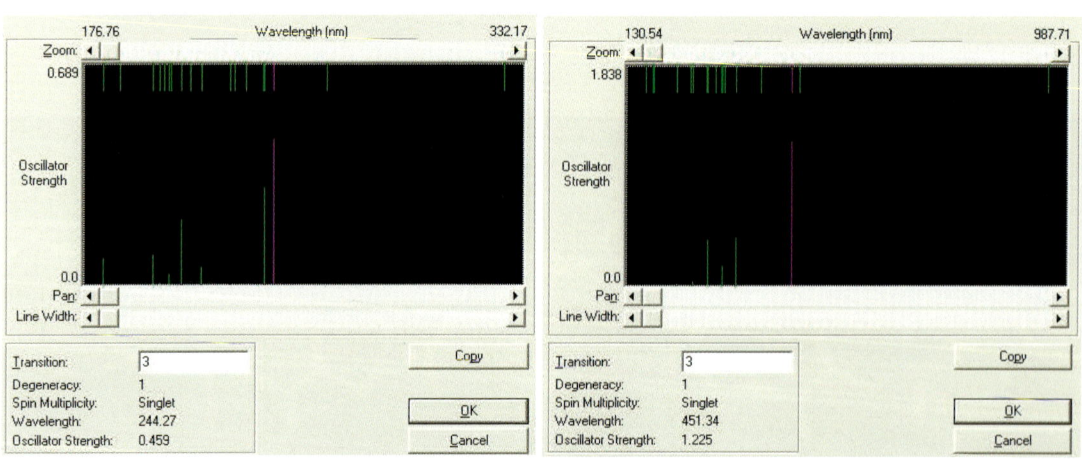

• 그림 4–6 (p109)

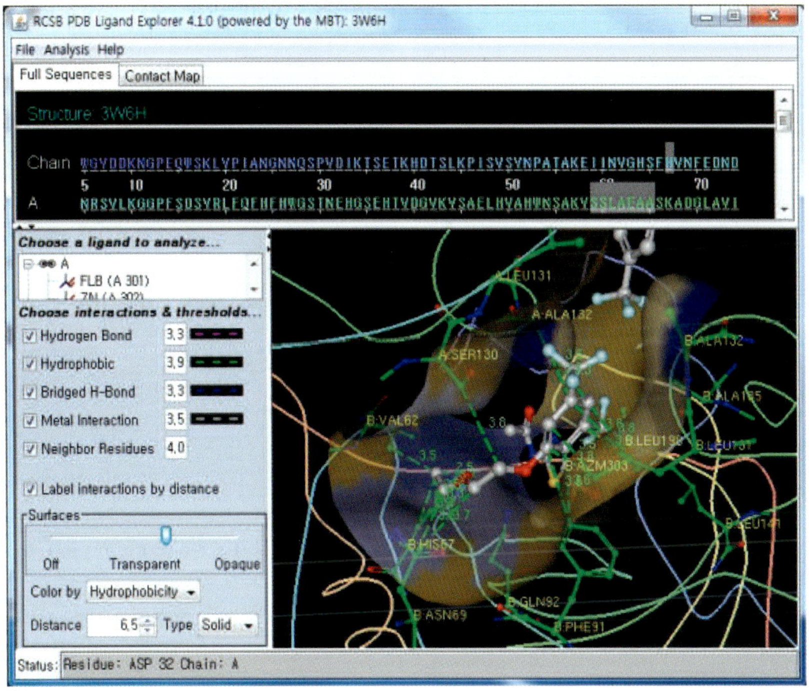

• 그림 4–7 (p112)

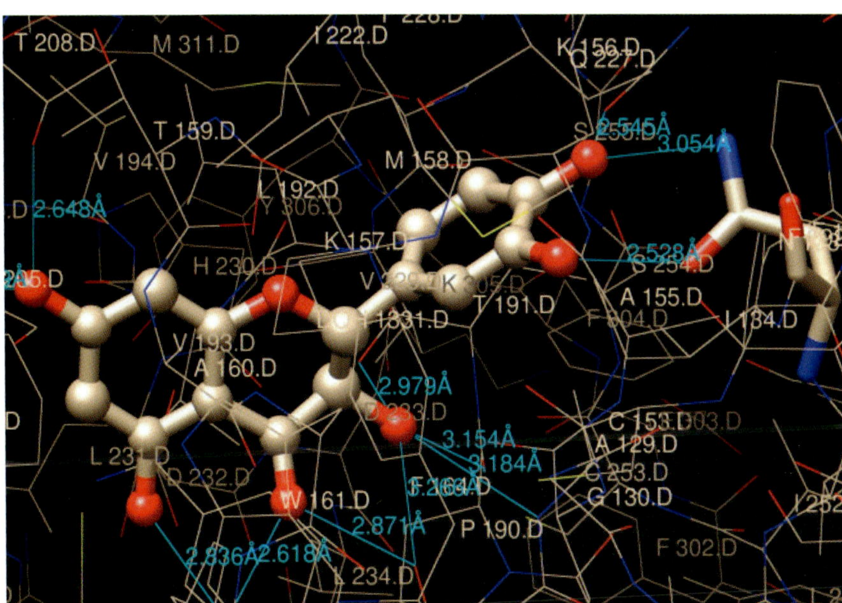

• 그림 4–8 (p115)

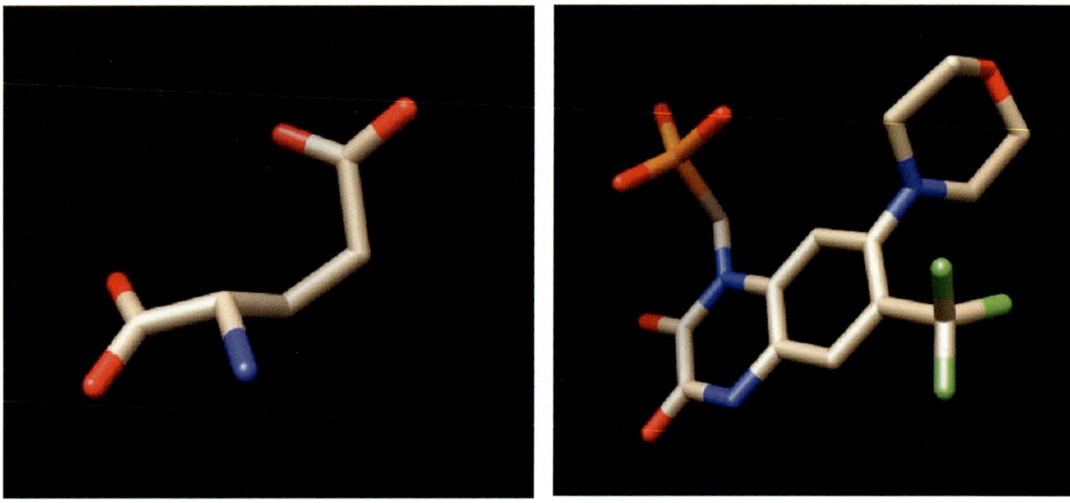

• 그림 4–9 (p116)

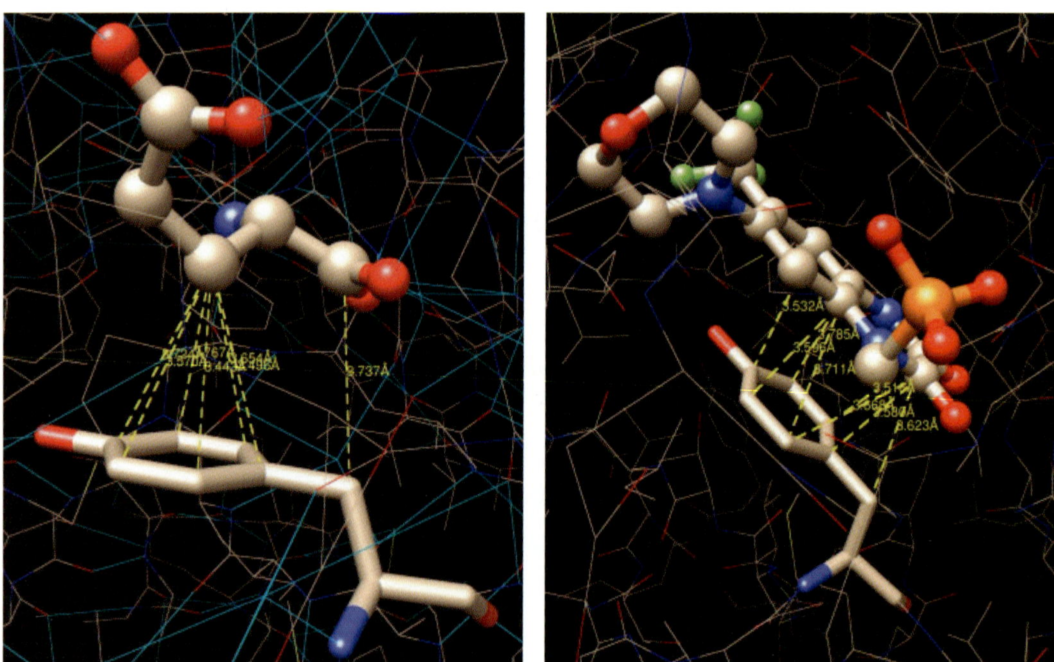

• 그림 4-12 (p125)

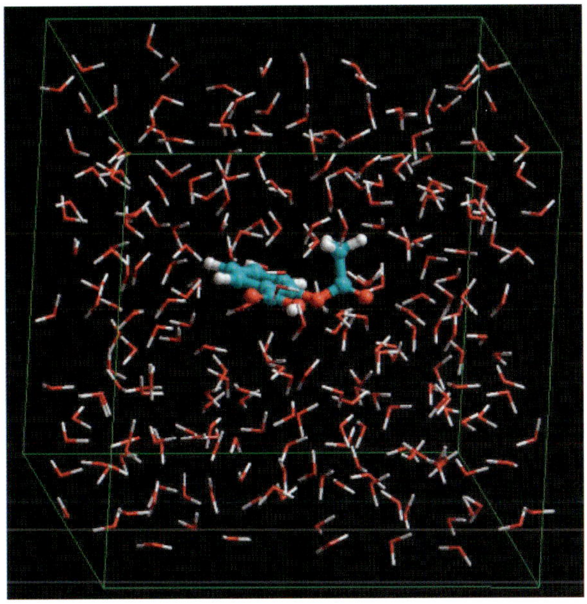

• 그림 4-14 (p133)

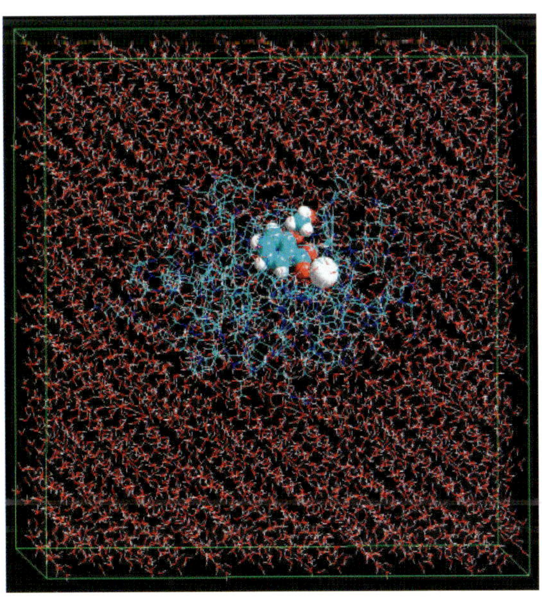

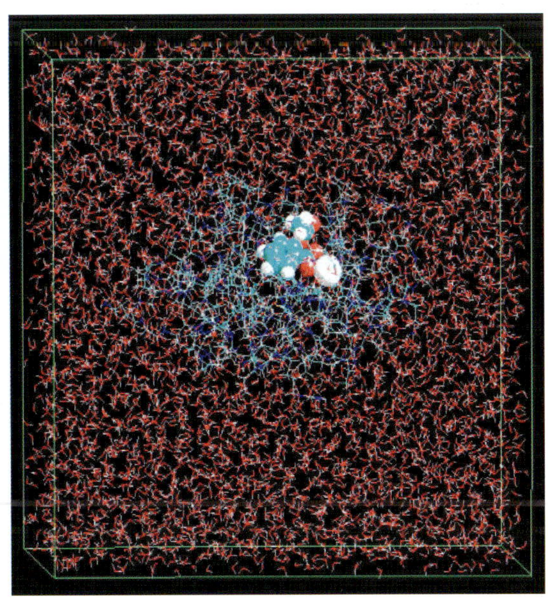

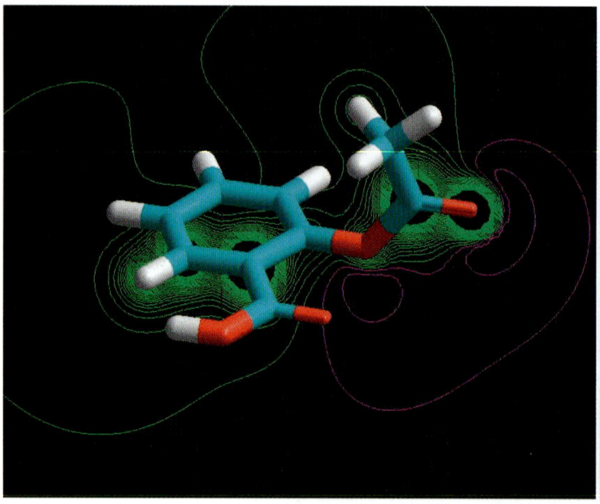

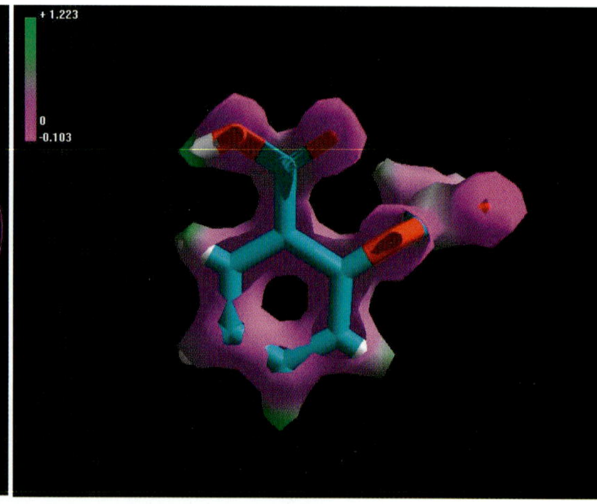
+ 1.223
0
-0.103

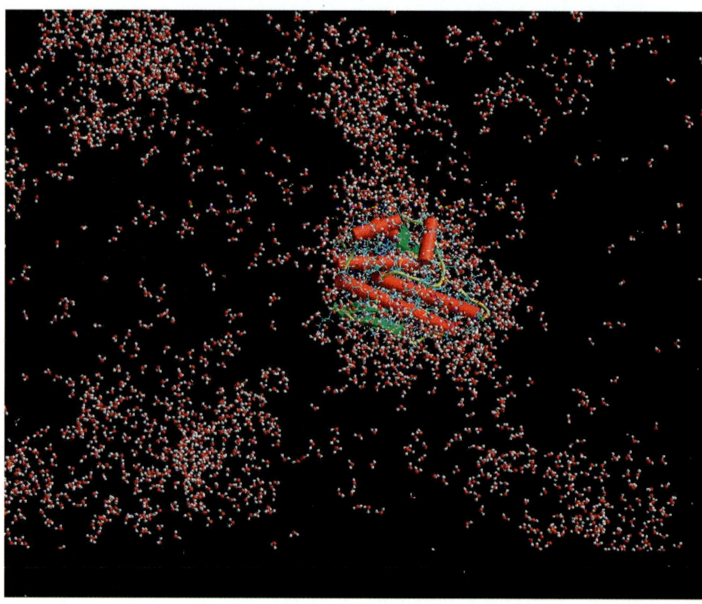

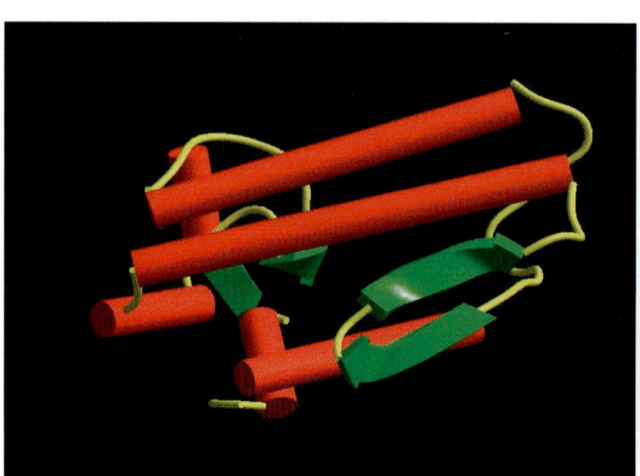

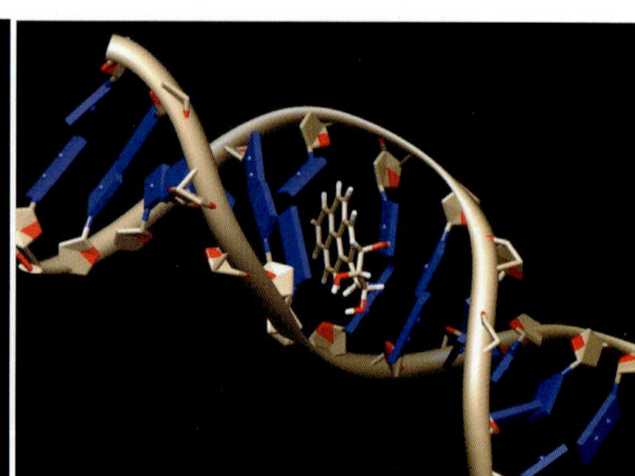

머리말

오래 전부터 의약품이나 화학제품의 광고를 보면 미래과학을 상상케 하는 분자의 그림이나 화려한 색체의 단백질과 핵산 나선형 그림이 화면을 압도하는 현상을 접하게 된다. 물론 그러한 그림들의 상당부분은 분자구조 그림에 그래픽 전문가의 작입이 들어가 있겠지만 그러한 분자기반 제품에 걸맞은 기초그림을 선정하고 그려주는 작업은 역시 '분자모델링' 전문가의 손에 의하여 작성될 수밖에 없다.

그런데 이러한 분자모델그림은 화학, 생물학, 약학 관련 학과의 졸업생이면 누구나 쉽게 그려낼까? 아니면 그 분야의 값나가는 컴퓨터 프로그램 하나만 구입하여 분자이름만 주문해 놓으면 요술상자처럼 "삐리링 !"하고 만들어주는 건가?

실제로 그러한 분자그림을 어느 정도 이해하는 전공자라 하더라도 그림을 생산하는 과정은 만만치 않음을 그 분야 졸업자라면 모두 고백하는 일이다. 또한 그런 모델을 만들어내는 프로그램조차도 워드프로세서처럼 '아무나 이것저것 누르다 보면 알아지는' 그런 간단한 도구가 아님을 바로 알아차리게 된다. 설혹 한두 번의 시행착오를 거쳐 무언가 멋져 보이는 그림을 얻었다 하여도 그것의 옳고 그름은 종종 현란한 색깔

뒤에 가려지고 우리의 자신만만한 프로그램 사용자는 정작 그 프로그램이 어떤 기상천외한 기능을 다 가지고 있는지 그 영역의 넓음을 가늠하지 못하는 경우가 허다한 것이다.

분자모델링이 그저 광고 그림만을 제공하는 도구가 아님을 우리 모두는 알고 있다. 그것은 계산화학적 이론을 바탕으로 분자계의 여러 분야에서 실제 연구와 생산에 직접 간접적으로 이용되고 있는 도구이며 현대과학에서 진화를 거듭한 분자모델링은 '과학 자체'이기도 한 분야인 것이다.

그러나 이 분야를 하나의 단순한 도구로 사용하거나 아니면 본격적으로 이 학문분야에 발을 들여놓을 생각을 가진 사람도 정작 적절한 입문서를 찾기가 수월치 않음을 경험하였을 것이다. 유사한 제목을 가진 한국어 교재는 드물고 외국서적은 종류별로 다양하긴 하지만 초심자가 접하기에는 내용의 심도가 깊고 분량 또한 만만치 않아서 접근하기가 어려운 것이 사실이다.

혹자는 '모델링을 제대로 이해하고 사용하려면 뉴톤역학, 양자역학 및 그 바탕인 수학을 철저히 배워야 한다'라고 주장한다. 당연하고 옳은 말이다. 그러나 자신의 흥미 있는 연구내용을 전달하기 위한 도구로서 사용하고자 하는 분자과학자에게 모델링에 숨어 있는 복잡한 미분방정식과 애매모호한 양자개념의 완전한 이해가 도대체 가능하기나 한 것이며 또한 굳이 많은 시간을 들여야 할 일일까?

이 책은 아주 단순화한 입문서이다. 일반화학과 유기화학의 기초수준을 배운 학생이면 바로 시작할 수 있는 분자모델링의 기초 출발점이라 할 수 있다. 분자의 그림을 이해하는 사람으로서 화학, 생물학 및 의약학 분야의 유사전공자라면 분자모델링의 도구들을 자신의 분야에 필요한 도구로서 곧바로 사용할 수 있는 수준까지 공부할 수 있는 도움서이며 분자모델링을 주전공으로 하려는 입문자에게는 초기의 진입을 쉽게 도와주려는 첫 번째 전공서적이라 할 수 있다.

제1장의 서론에 이어 제2장에는 모델링에서 사용되는 기본 개념들을 간략히 설명하고 풀이하였다. 이 분야에서 언급되는 주요 키워드들은 짤막한 설명과 아울러 본격적인 시작을 위하여 해당 문헌을 인용하여 깊이 있는 학습에 연계되도록 하였다. 제3장

에는 기본 개념들이 생체분자인 단백질에 어떻게 응용되는지를 전개하였다.

제4장에서는 분자모델링으로 할 수 있는 연구를 난이도의 순서로 편집하였으며 실제 응용프로그램을 이용하여 쉽게 재현할 수 있도록 하였다. 이 부분은 투토리얼의 특성이 강하여 내용만 자신의 것으로 바꾸어 넣으면 실행이 되도록 편집하였다. 여기에 사용된 예는 실제로 프로그램 Chemdraw, Hyperchem, Chimera 등을 사용하여 작업한 내용을 편집하였으며 모두 위 프로그램으로 재현될 수 있을 것으로 생각된다. 경험에 의하면 대학의 관련분야에서 3-4학년생들을 대상으로 2~3학점의 전공 또는 선택과목으로 개설하기 적절할 것으로 사료된다.

본 입문서에서는 어떤 주제는 지나치게 단순화하고 현상학적인 결론이 곧바로 현실에 어떻게 적용하는가에 촛점을 두었기 때문에 깊이 있는 토론이 되지 못한 면이 있을 수 있다. 즉, 분자모델링 분야의 표준교과서라고 볼지 논란의 여지는 있을 수 있으며 보다 심도 있는 계산화학적 이론이나 프로그래밍 알고리즘의 이해를 위해서는 본문에 인용된 원 문헌을 참조하는 것이 바람직 할 것으로 판단된다.

그러나 이 단점이 바로 장점이 될 수도 있는 것은 물리화학적 이론에 익숙하지 않은 실험 화학자들에게도 접근을 쉽게 허용하고 있다는 것이다. 즉, 한 학기 정도의 교육으로 분자모델링의 기초지식과 프로그램의 운영을 수행할 수 있을 것으로 사료된다.

마지막으로 저자는 독자로부터 많은 지적을 기대한다. 즉, 초심자가 알기 힘든 문제에 대한 간단한 해석에서부터 현실에 적용하기 위한 실질적인 문제에까지 종류와 질문의 수준을 불문하고 모든 질문을 환영하는 바이며 또한 어떤 특별한 교육적 목적을 위한 제안도 수용할 준비가 되어 있음을 부언하는 바이다.

2013년 8월 15일

충남대학교 약학대학 박경래 교수

목 차

Contents

목 차

Contents

목 차

제1장 서 론

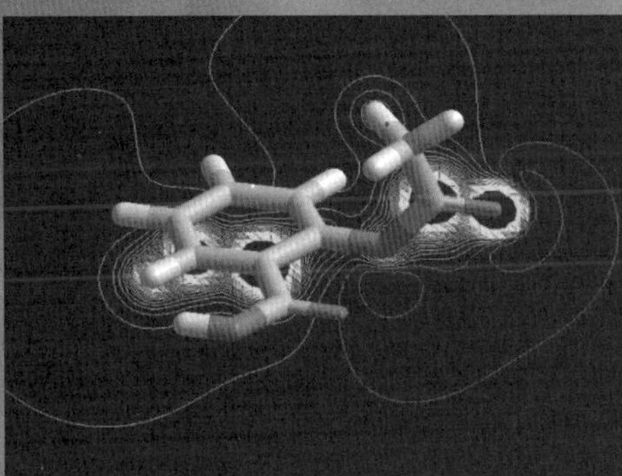

Molecular Modeling
- Basics and applications

I have no special talents.
I am only passionately curious.

– Albert Einstein –

1.1 모델링이란 무엇인가?

분자모델링은 그림에서 시작한다. 모델의 언어적 뜻은 어떤 집합체 내의 개체를 대표하는 평균적 전형을 말하는 것으로 분자모델은 미시적 입자계의 형상과 성질을 상상하고자 하는 이론적 체계를 말할 수 있다. 따라서 분자모델링이란 눈에 보이지도 않고 어떠한 감각적인 관찰도 가능하지 않은 대상인 분자의 형상을 객관성 있게 표현하고 분자계의 특성을 이해하며 그로부터 어떤 과학적 결론을 유도하는 이론적 학문 활동을 말하는 것이다.

어떤 방법으로든 물질의 화학적 구조를 이차원 종이위에 그리려는 시도에서부터 모델링은 시작한다고 볼 수 있다. 물질의 고유한 성질을 보이는 가장 작은 구성요소를 분자라고 하면 그 분자를 구성하는 더 작은 요소는 원자이며 분자는 이 원자들이 일정한 규칙성을 가지고 서로 연결되어 있는 구조물이다. 현대화학에서 통용되는 원자론은 슈뢰딩거의 원자구조(Schroedinger's atom)[1]를 바탕으로 하고 있고 원자들의 조합으로 이루어진 분자골격 안에 일정한 규칙에 따라 배치된 전자들은 그 물질의 화학적 특성을 결정짓는 요소인 것이다. 분자의 그림을 합리적으로 그리기 위해서는 간단이 나마 원자결합이론을 이해해야 할 것이다.

분자를 알기 쉽게 설명하는 원자결합이론에는 크게 원자가결합론(Valence Bond Theory:VB)[2]과 분자궤도함수론(Molecular Orbital Theory:MO)[3]이 존재한다. G.N. Lewis, W. Heitler, F. London 및 L. Pauling이 정리한 원자가결합론은 원자끼리의 연결에는 최소한 2개의 전자로 이루어진 하나의 결합이 필요함을 전제로 한다. 이 2전자1결합을 원자끼리의 연결선으로 표현하는 방식이 루이스구조(Lewis structure)[4]이며 종이위에 기록된 화학구조식의 직선 하나하나가 바로 1결합을 나타내는 것이다.

현대의 모든 화학관련 전문서적에 그려진 거의 모든 구조식이 원자가결합론의 루이스 구조식인 것이다. 이 표현방식에서 모서리는 원자의 위치, 직선 하나는 2전자결합(2 electron bond), 그리고 점은 전자 한 개를 나타낸다. 또한 탄소원자는 위치만을 모서리 또는 직선의 말단으로 표시하고 원자기호의 표기는 생략하기도 하며 수소원자는 위치와 기호 모두를 생략하고 그 외의 원자들은 위치와 기호를 모두 표기한다. 따라서 표기되지 않은 수소와 탄소의 위치와 결합상태는 각 원자들의 원자가 또는 결합가를 바탕으로 미루어 예측하므로서 하나의 분자를 정량적으로 표기하는 것이다(그림 1-1). 따라서 이러한 그림을 이해하기 위해서도 원자가와 분자결합론의 최소한의 기본지식이 필요한 것이다.

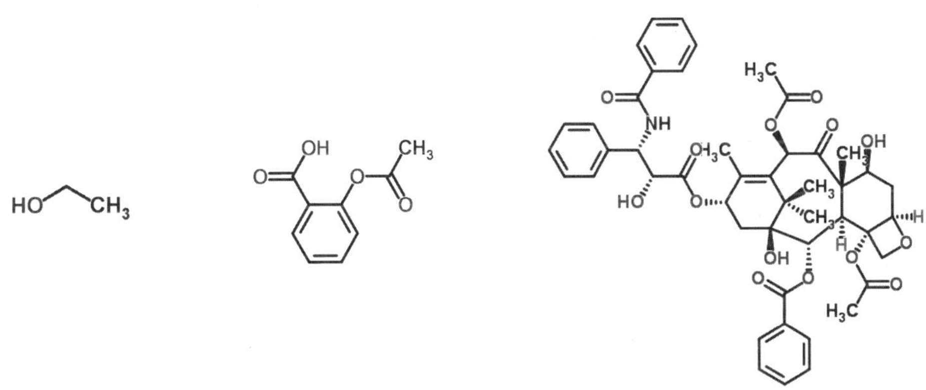

그림 1-1 | 에탄올, 아스피린과 파클리탁셀의 루이스구조식(3차원 입체성이 중요한 부분에는 평면앞과 뒤쪽으로 향한 치환체의 구분을 위해 쐐기 또는 점선쐐기를 사용하기도 한다. 이 그림은 www.chemspider.com에서 내려받은 구조이다.)

루이스 구조론은 거의 모든 분자를 2차원 평면위에 손쉽게 표현할 수 있는 수단이며 원자의 전기음성도와 같은 기본적인 특성을 같이 고려하면 분자의 물리화학적 특성도 어느 정도 예측할 수 있다는 장점이 있다. 그러나 이 방법은 홀수개의 전자 또는 1/2결합을 다루는 데에는 불편한 점이 많으며 분자의 3차원적 구조와 특성은 구체적으로 표현하기가 매우 어렵다. 그리하여 그림은 루이스 구조로 표현하되 3차원 구조는 원자가전자쌍반발(VSEPR:Valence Shell Electron Pair Repulsion)[5]이론이나 공간적 반발력(steric repulsion)등의 이론을 첨가하여 3차원구조를 상상하기도 한다.

이 원자가전자결합이론과 루이스모델에 내재하는 단점을 극복하기 위해 제안된 것이 분자궤도함수론이론[3]이며 원자가 '원자핵의 영향권 내의 전자들의 운동방식'이라 정의하듯이 분자는 '분자골격의 틀 안에 배치된 전자들의 구조' 라는 정의를 출발점으로 개발된 이론이다. 분자궤도함수론 모델에 따르면 분자들의 미시적, 물리화학적 특성뿐 아니라 물질의 분광학적 행동들을 합리적으로 잘 설명하기 때문에 현대화학에서 일반적으로 통용되는 분자모델이라 할 수 있다. 이를테면 결합을 단지 두 원자의 틀 안에 국한시키지 않고 분자 전체를 하나의 틀로 보고 모든 전자를 원자핵에 전자를 배치하는 원칙을 지키며 분자틀에 순차적으로 전자를 배치하는 것이다. 이 분자궤도함수론과 원자가전자결합법을 비교하자면 원자가결합법의 모든 단일결합은 분자궤도함수의 σ 결합에 해당하고 이중결합으로 표현되었던 결합이 분자궤도함수론에서는 σ 와 π 결합에 해당한다고 해석하는 것이며 이 바탕위에서 분자의 물성을 설명하는 것이다. 그러나 이 분자궤도함수론모델은 치명적인 단점을 가지고 있는데 그것은 이 이론에 합당한 분자의 형상을 2차원평면에 구현하기가 매우 어렵다는 것이다. 오히려 루이스모델이 제시하는 간접적 3차원구조 정도의 표현도 하기 어렵다는 것이다. 즉, 분자의 물리화학적 성질을 보다 정확하게 규명하고 표현하기 위해 시각적으로 표현하는 문제를 희생시킨 것이다.

그러면 이 두 이론 간의 괴리를 어떻게 할 것인가? 여기서 화학자들은 아주 편리한 방법을 생각해 냈다. 각 이론에서 편리하고 유용한 내용만을 추려내어 목적과 경우에 맞게 사용하는 것이다. 즉, 그리기 쉬운 루이스 모델로 분자를 그려 놓은 다음, 설명하고 해석하기 쉬운 분자궤도함수론에서 σ , π 결합, 혼성궤도함수(hybrid), 비편재화(delocalization), 짝지움(conjugation) 등의 개념을 적용하는 것이다. 그리하여 오늘날 화학 및 생물화학계열의 인쇄매체에서 우리가 사용하는 그림 1-1과 같은 분자구조는 원자가전자결합, 루이스 및 분자궤도함수론이론이 모두 적절히 혼용된 일반적 모델인 것이다.

1.2 양자역학적 모델

사실 앞 절의 분자수준에서의 표현의 문제, 즉 원자가결합법이나 분자궤도함수의 원천은 양자역학(Quantum Mechanics:QM)에서 출발한 것이며 부분적으로 근사법을 써서 간소화 시킨 후 응용하고 있는 것이다. 현대의 물리학과 화학에서 최신까지 발전된 최첨단 이론을 물질계에 충실히 적용하고자 하면 보다 근본적인 접근방식인 출발해야 한다. 즉, *ab initio*[6] 양자역학 방법에서는 슈뢰딩거의 파동방정식을 분자계의 모든 구성입자(원자와 전자)에 적용하여 분자의 형상과 물리적 성질을 얻어내게 된다. 이 계열의 모델링도구로는 Gaussian 프로그램[7]이 대표적인데, 이 프로그램에서는 고려해야 할 입자간의 상호작용 등 변수의 수가 분자크기에 따라 기하급수적으로 늘어나기 때문에 분자량 500이상의 분자에 대해서는 고성능 컴퓨터를 사용하더라도 현실적으로 의미 있는 시간 내에 유용한 모델링 결과를 얻을 수 없다.

양자역학의 정확성이 가능한 한 손상 받지 않으면서도 현실적 시간범위 안에서 실행 가능한 모델로 고안된 것이 반경험적(semiempirical) 양자역학 방법인데 *ab initio*에서 사용한 공리에다 실험적으로 얻은 상수-이를테면 결합길이와 각도 등을 일부 계산에 포함시키거나 예측 가능한 파라미터등을 표준화하므로서 실제 계산해야 할 변수의 수를 상당량 줄여서 수행하게 된다. 이들 중에는 오래전에 개발된 Hueckel MO[8]를 비롯하여, AM1과 PM3 등 최근까지 개선되어 광범위한 유기분자에 최적화 되어 있는 모델[9]이 존재한다.

양자역학적 방법은 모두 전자의 실체를 구체적으로 파동함수에 구현한 이론이기 때문에 그 계산결과에서는 전자의 성질에서 유래하는 모든 물성들을 예측할 수 있다. 즉, 전자준위 에너지, 쌍극자능률, 전하밀도, 적외선 및 자외선 스펙트럼 뿐 아니라 핵자기공명스펙트럼까지도 이론적으로 계산할 수 있다.

1.3 분자역학적 모델

현대과학은 이론적 도구보다도 더 빠르게 실험적 도구를 발전시켜 왔는데 그 예로서 생물체를 구성하는 거대한 생체분자들의 구조가 x-선 결정학에 의하여 밝혀지고 있다. 그리하여 생명체의 성분과 기능을 조절하는 단백질과 유전정보를 포함하고 있는 핵산계 또는 핵산과 단백질의 결합체의 정보가 알려지고 공개되어 있다. 반면에 이러한 거대분자들의 성질과 기능에 대한 근본적 이해에 도달하는 이론적 도구는 그다지 개선되지 않은 것으로 보인다. 이미 언급한 것처럼 *ab initio*방법으로는 작은 유기분자가 그 응용성의 한계이며 반경험적 MO일지라도 단백질과 핵산과 같은 거대한 생체분자들의 모의실험(simulation)을 수행하는 것은 현실적으로 불가능에 가깝다.

이 한계를 극복하기 위해서 과학자들은 다시 한 번 이상과 현실의 절충안을 개발하게 되었다. 그것이 바로 고전역학적(classical mechanics) 방법을 활용한 분자역학(Molecular Mechanics:MM)인데, 여기에서는 분자를 '공과 막대(ball and stick)의 결합체'로 보는 모델인 것이다. 즉, 원자는 일정 질량과 지름을 가진 공(ball)이고 결합의 실체는 원자와 주변 결합대상자에 따라 그 기본 값이 다른, 유연성 있는 용수철(stick)로 보는 것이다. 또한 원자 공은 그 종류에 따라 내재하는 고유의 전하(point charge)를 가지고 있어서 분자내(intramolecular) 원자들의 상호작용 또는 분자간(intermolecular) 상호작용의 근거를 제공한다고 보는 것이다. 이렇게 용수철의 강도에 따른 신축성과 전하간에 정전기적 인력과 반발력이 일정한 균형을 이루며 분자의 형태를 만든다고 보는 것이 분자역학적 모델의 관점인 것이다.

분자역학적 모델은 양자(Quantum)나 궤도함수(Orbital)와 같은 개념을 알지 못하며 심지어는 전자의 실체도 포함되어 있지 않다. 분자의 실체를 유연성 있는 용수철의 작용과 반작용, 그리고 원자의 극성을 모사한 정전기적 인력이 분자의 형성과 물리적 성질을 창조하는 본질이라고 보는 것이다. 따라서 미시적(microscopic)으로 양자역학적 기본 입자의 본질을 가지고 있는 분자계를 거시적(macroscopic) 물체를 다루는 일반역학적으로 다루게 되는 모순을 이론적 명분을 중시하는 물리학자나 화학자가 선뜻 받아들이기는 어렵지만, 문제의 핵심은 우리가 모델링을 통하여 얻고자 하는 목표에 대한 요구조건을 구체적으로 제시한다면 어떤 모델이 적합한지를 판단할 수 있는 기준이 될 것이다.

주사약을 만들기 위한 물은 정제수이어야 하고 또한 무균처리가 되어야 하지만 세수하는 물은 수돗물이면 충분한 것이다. 이를테면 분자의 분광학적 특성과 같이 미시적 성질은 분자 내의 전자들의 행동을 정밀하게 서술해야 파악할 수 있지만 단백질 내에 2차 구조를 형성하는 중요한 상호작용인 수소결합이나 나선형구조의 형성 등을 이해하기 위해서는 여러 개의 아미노산에 대한 평균값을 주어진 수치로 계산하여도 전체 구조의 역학을 이해하는 데에 큰 무리가 없을 것이다.

분자역학적 모델은 따라서 광범위한 화합물군의 종류에 일반적으로 적용되는 특성을 일정 한도의 파라미터로 표준화 하여 고유의 알고리즘으로 개발한 것을 분자역학적 힘장(Force Field:FF)라고 하며, 일반적인 유기분자들에 적합한 MM2[10]와 단백질과 핵산 등의 생체고분자의 특성을 고려한 AMBER[11], CHARMM[12] 또는 OPLS[13] 등의 힘장이 있다.

1.4 모델링으로 무엇을 할 것인가?

인쇄된 매체를 통한 이차원적 분자그림과 설명만으로 분자계의 형상과 성질을 이해하는 방법은 분자의 크기가 조금만 커져도 바로 한계에 도달한다. 예전에는 분자모델상자 같은 교재가 있어 구형 원자와 막대기의 직선결합으로 교육에 이용되었지만 요즈음에는 그런 제품은 박물관에서나 볼 수 있게 되었다. 또한 단백질과 핵산 같은 거대분자의 구조가 밝혀지면서 이들은 더 이상 모델상자로 만들 수도 없고 만든다 하더라도 그 특성을 일반화시켜 이해하기란 불가능에 가까운 일이다.

컴퓨터와 가상공간(virtual space)은 마침 분자모델링을 위한 완벽한 환경을 제공한다. 가상공간의 발전 중간단계에서는 고가의 그래픽 장치나 분자의 3차원구조를 들여다보기 위한 특별한 조이스틱이나 컨트롤러등의 하드웨어가 필요했지만, 요즈음에는 모든 것이 표준 데스크탑 컴퓨터의 운영체제와 마우스만으로 3D 구조를 조작할 수 있게 되었다. 그 뿐 아니라 가상공간 안에 배치되는 원자와 분자들의 상호작용과 역학적 운동성을 계산하는 특별한 소프트웨어만 해도 과거에는 고가장비에 속했었지만 현재는 데스크탑 가격정도로도 좋은 프로그램을 구할 수가 있다. 특히 비영리적인 교육 연구기관에는 그 마저도 거의 무료에 공급되는 추세이고 처음 개발하는 순간부터 프리웨어임을 표방하는 좋은 프로그램들도 존재한다. 즉, 필요하면 분자모델링은 아주 적은 비용으로 많은 효과를 얻을 수 있는 교육 및 연구도구인 것이다.

그러면 분자모델링으로 무엇을 할 수 있을까?

우선 분자계의 3차원 구조에 관하여 논할 수 있다. 분자의 구조라면 원자간의 결합과 연결성을 비롯하여 배치이성질(configuration)과 형태구조(conformation), 입체화학적 구조(stereoisomer)등을 말하며 이들 간의 시각적 정량적 기술이 가능하며 이는 특히 화학 결합론의 기초교육에서는 전에 없이 발전된 도구라 볼 수 있다. 원자들의 공리적 결합가(valence)에서 유도되는 근거리구조(local structure)와 결합되어 있지는 않으나 공간적으로 가까워져서 발생하는 인력과 반발력에 의한 원거리구조(global structure)의 관찰도 가능한 것이다. 단백질과 같은 거대한 생체분자들은 구조를 다루는 자체가 컴퓨터 없이는 불가능한 일이며, 새로운 도구에 의존하면 예전에는 예측자체가 불가능한 파라미터들을 찾아낼 수도 있게 된 것이다.

각 원자의 전하를 계산할 수 있다면 이는 곧 분자의 전체적 또는 부분적 극성과 표면적 성질과 유전상수들을 예측할 수도 있을 것이다. 또한 여러 유형의 분자들의 데이터를 종합하면 일련의 정량적 구조물성 상관관계(Quantitative Structure Property Relation:QSPR)나 정량적 구조활성 상관관계(Quantitative Structure Activity Relation:QSAR)를 유도하기도 한다.

구조에 따른 내적 위치에너지(potential energy)는 구조에서 직접적으로 유도될 수 있는 성질이며 기하학적 구조최적화(geometry optimization)을 수행할 수 있다면 안정한 분자구조를 찾는 형태구조검색(conformational search)이 중요한 응용분야이다.

분자내 원자들은 열적 환경에 따라 상호 운동하는 실체임을 고려하여 온도에 따른 운동에너지를 총에너지에 포함시켜 분자동력학(Molecular Dynamics:MD)을 실행하는 기능은 대부분의 힘장 프로그램들이 제공하는 방법이다. 분자의 크기가 커질수록 구조최적화만으로 분자의 안정한 구조를 찾기 어려운데 시간함수를 포함하는 분자동력학을 이용하면 보다 넓은 형태구조공간(conformational space)을 검색하며 가장 안정한 최소에너지 구조(global minimum)를 찾을 가능성을 높일 수 있다.

단일분자의 구조와 물성 다음으로 우리의 관심의 대상이 되는 것은 두 가지 성분 이상의 복합체에서 각 성분 간의 상호작용을 연구하는 것이다. 이를테면, 일반적 수용체(receptor)단백질에 대한 리간드로서 작용제(agonist) 또는 길항제(antagonist)의 기능을 연구한다든지 기질(substrate)에 대한 효소(enzyme)단백질의 열역학적 에너지 상관관계를 추적하는 것 또한 모델링에서 다룰 수 있는 주제인 것이다. 이러한 복합체 연구는 결국 생체 내의 약물의 효능과 새로운 약물개발(drug design)의 가능성에 대한 가상공간에서의 모의실험(computer simulation)으로 응용할 수 있다는 것이다.

물론, 아무런 실험적 측정 없이 모든 모의실험이 사이버 공간안에서 가능한 것은 아닐 것이다. 컴퓨터는 일정시간의 작업 후에는 어떤 것이든 결과를 생산해 주지만 그 결과가 과학적인 정답인지는 합리적 검증이 수반되어야 하며 시각적 화려함만으로 내용이 평가되어서는 안 될 것이다. 단백질의 2차 구조(secondary structure)의 생성인 접힘(protein folding)현상과 핵산의 이중나선(double helix)의 생성과정 같은 것은 실험적으로나 가상공간에서나 여전히 추정에 불과할 뿐이며 그러한 2차구조가 생성되는 상호작용의 분자수준의 본질은 아직 해석되지 못하고 있으며 분자모델링에 대한 환상적 기대도 경계해야 할 것이다.

이 책은 분자모델링의 초보자들을 위한 가상실험적 입문서이며 계산화학(computational chemistry)에 바탕을 둔 모의실험을 구체적으로 안내해 주는 응용서이다. 일반화학과 유기화학 또는 기초 생명과학의 화학결합론을 조금이나마 습득한 사람이면 어렵지 않게 읽을 수 있는 정도의 난이도로 편집되었다. 또한 분자모델링을 전공으로 택한 학생들에게는 초기접근이 용이 하도록 쉽게 서술되었다. 모델링에서 사용되는 일반적 용어들은 그 기본개념이 이해되도록 수록되어 있으며 간혹 일부는 구체적이고 심도 있게 다뤄지지 않았더라도 적어도 참조할 수 있는 1차 문헌을 소개 하였다.

제2장에는 일반적 유기분자의 화학결합과 구조론, 그리고 분자역학적 에너지를 주로 다루었으며 제3장에서는 분자역학적 모델링이 단백질과 핵산과 같은 생체분자에 포함된 구조적 규칙성을 요약하였으며 이들이 실제 연구작업에서 어떻게 활용될 수 있을지에 대한 최소한의 기본지식을 편집하였다.

제4장에는 2장과 3장의 논의가 실제로 어떻게 응용되는지를 항목별로 예를 제시하였다. 여기에 제공된 실례는 학계에 많이 보급되어 있는 Chem3D[14], Hyperchem[15], 혹은 Sybyl[16] 등의 PC용 프로그램으로 재현될 수 있는 일반적 모델링 과제를 다루었다. 또한 그래픽 도구를 이용한 분자계의 시각적 표현은 chimera[17] 프로그램을 활용

하였다. 이들 중 어떤 프로그램에는 양자역학적 *ab initio*와 반경험적(semiempirical) 방법뿐 아니라 분자역학적 MM2, AMBER, CHARMM, OPLS 알고리즘과 같은 힘장들도 내장되어 있어서 교육적으로나 연구용으로나 부족함이 없는 프로그램들이다. 물론 PC를 이용하여 그 가상실험적 방법이 검증된 연구과제는 연산능력이 큰 대형컴퓨터에 직접 전환할 수도 있기 때문에 과제의 목표와 수행의 적합성만이 문제가 될 뿐이다. 따라서 이 과정을 배우고자 하는 독자는 제시된 과제를 그대로 재현할 수 있는지를 스스로 점검하므로서 학습의 완성도를 찾아야 할 것이다.

제2장 유기분자의 구조 모델링

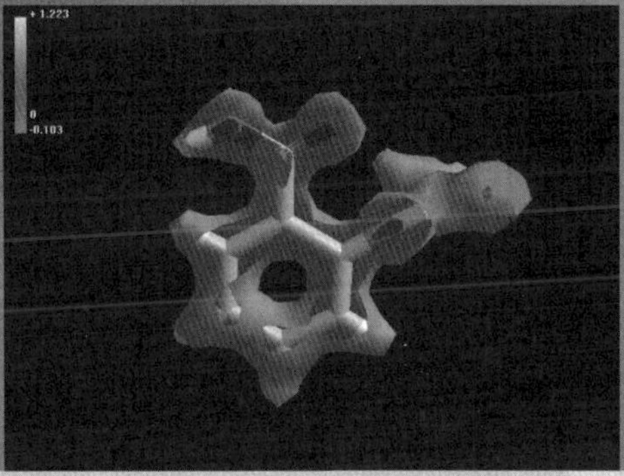

Molecular Modeling
- Basics and applications

I don't know anything, but I DO know that everything is interesting if you go into it deeply enough.

– Richard Feynman –

2.1 원자의 결합가와 근거리구조(Valence and Local Geometry)

화합물의 생성과 구조형성에는 현대 과학에서 통용되는 원자모델에서 전자의 배치가 결정적인 요인이 된다. 이에 따라 각 원자가 형성할 수 있는 공유결합의 개수를 원자가(valence) 또는 결합가(bond number)라 하며 수소원자와 2, 3주기 원자들의 원자가는 다음 도표와 같다.

1주기	H 1						
2주기	Li 1	Be 2	B 3	C 4	N 3, 4	O 2, 3	F 1
3주기	Na 1	Mg 2	Al 3	Si 4	P 3, 5	S 2, 3, 4, 6	Cl 1,3,5,7

이 도표의 2주기에서 보여주는 원자가는 일차적으로 원자가 이웃과 결합하는 공유결합의 수를 지칭한다. 즉 탄소 C는 주변원자와 4개의 결합을 이룰 수 있고(CH_4) 질소 N과 산소 O는 각각 3개(NH_3)와 2개(H_2O)의 공유결합을 형성할 수 있으며 그 근거는 각 원자의 최외각 전자의 수에서 기인한다. 질소와 산소의 경우는 최외각의 비공유전자쌍(unshared electron pair) 한 개가 주변의 루이스 acid(이를테면 수소이온)와 배위결합을 이룬다면 결합 하나가 증가하지만(NH_4^+, H_3O^+) 어떤 경우에든지 2주기 원자들은 8우칙(octet rule)을 벗어나지 못한다(그림 2-1).

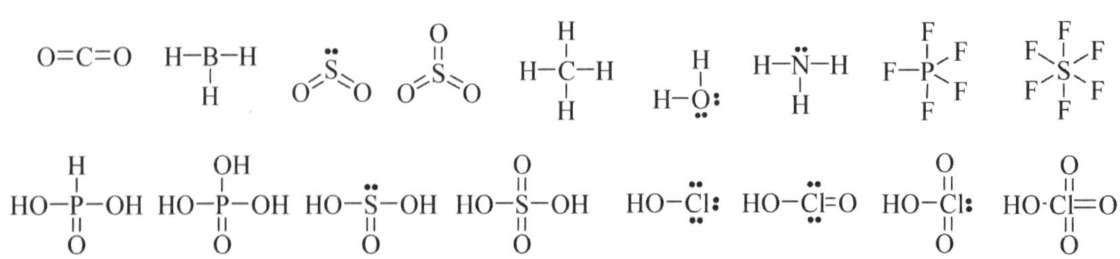

그림 2-1 | 원자가와 분자구조와의 관계를 보여주는 몇가지 분자의 루이스구조

3주기 원자들은 최외곽전자의 구조가 2주기와 같음에도 불구하고 다른 행동을 보인다. 그것은 3주기 원자들은 3d 오비탈을 가지고 있기 때문에 8우칙이 의미가 없어지며 원자가의 확장이 일어날 수 있다. 그래서 P의 경우 N과 같은 행동이외에 5가의 원자가를 가질 수 있다(H_3PO_4, H_3PO_4). S의 경우에도 4가와 6가의 원자가를 가질 수 있다(SO_2, H_2SO_4). Cl은 산소산의 경우 더 다양한 결합상태를 보여서 1가(HCl, HClO), 3가($HClO_2$), 5가($HClO_3$) 그리고 7가($HClO_4$)의 화합물을 찾을 수 있다. 그러나 이 원자가는 화합물을 원자가결합법(VB)의 루이스 구조로 표기할 때의 전자쌍 결합의 개수를 말하는 것으로 중심원자의 산화수(oxidation number) 또는 형식전하(formal charge)와는 구별되어야 한다. 이러한 구체적 논의를 위해서는 일반화학의 화학결합론을 참조하는 것이 좋다.

분자의 3차원 구조는 어디서부터 문제가 될까? 원자가가 3이하인 경우에는 직선(H_2, BeH_2)이거나 평면(BH_3, BCl_3)일 수 밖에 없다. 원자가 4이상에서 부터는 분자의 3차원구조를 생각해야 한다. 원자가결합법이나 분자궤도함수론의 구체적 계산없이 보다 단순하게 3차원구조를 예측해 주는 것이 원자가전자쌍반발론[18])인데 여기서는 원자가대신 하나의 중심원자 주위의 치환체의 개수를 고려한다. 중심원자에 소속된 비공유전자쌍의 다른 한쪽에는 원자가 붙어있지 않지만 '원자만 없는 치환체'로 고려하여 개수에 포함시킨다. 그러면 이 치환체들 간의 공간적 반발력이 최소가

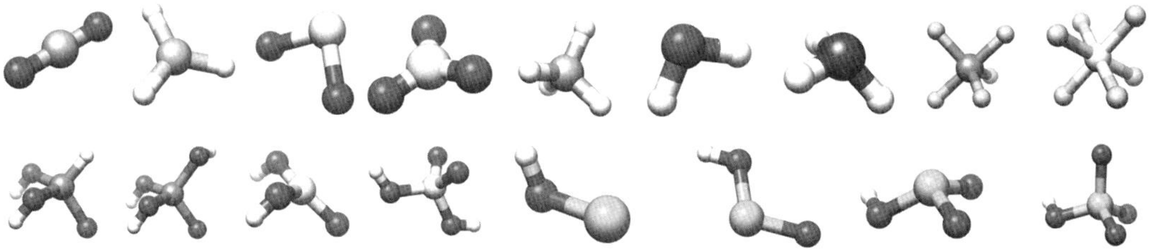

그림 2-2 | 유기화합물의 전체 구조를 결정하는 전형적인 단위 구조들 – 순서대로 직선형(CO_2), 삼각형(BH_3, SO_3), 유사삼각형(SO_2), 사면체(CH_4, H_3PO_3, H_3PO_4, H_2SO_4), 유사사면체(NH_3, H_2O, H_2SO_3), 이중삼각뿔(PF_5), 팔면체(SF_6)를 열거하였으며 유사삼각형과 유사사면체는 비공유전자쌍을 감안한 기하구조를 말하며 실제로 보이는 것은 삼각형과 사면체의 모양은 아니다. 이 구조는 chimera[17]를 이용하여 그린 구조이다.

되는 분자가 형성될 수밖에 없다는 것이다. 이 이론에 맞는 모델 구조는 그림 2-2에 열거하였다.

중심원자에 2, 3, 4, 5 그리고 6개의 치환체가 공간적으로 등가의 위치를 점하는 분자의 형태는 각각 선형(linear), 삼각형(trigonal), 사면체(tetrahedral), 이중삼각뿔(trigonal bipyramid), 그리고 팔면체(octahedron)의 구조를 만들 수 있다. 이러한 기본적 규칙성에 의하여 C, H, N, 그리고 O원자로 구성된 유기분자들의 근거리 구조는 삼각형 혹은 사면체들의 연결구조로 이루어진다. P와 S원자의 경우도 자연계에서 만들어지는 단백질의 펩티드, 핵산의 염기의 구조 등 생체 분자에서는 대부분 삼각형 혹은 사면체의 구조(PO_4^{3-}, SO_4^{2-})를 형성하고 있다. 팔면체 또는 평면사각형의 구조는 주로 금속이온들이 유기분자 또는 생체분자에서 착화합물을 형성할 때에 중심원자로서 발견되는 경우가 많다[19].

2.2 입체이성질체(stereoisomer)

근거리구조의 공간적 형태를 결정하는 중요한 요인 중 하나는 입체화학(stereochemistry)적 특성이다. 화학적 조성(constitution)은 같은데 공간적 배치(spatial arrangement)에 따라 완전히 다른 화합물이 되는 이성체를 입체이성질체(stereoisomer)로 정의된다. 간단한 경우는 탄소-탄소간의 이중결합 화합물중 시스-트란스 이성질체가 있을 수 있다. 이 이성체는 배치이성질체(configurational isomer)라 하며 결합을 분리하지 않고서는 교환이 불가능한 구조로 서로 완전히 다른 물질을 나타낸다. 좀 더 복잡한 형태의 이성질체는 광학적 특성을 보여주는 광학이성질체(optical isomer)가 있다.

2.2.1 광학이성질체(optical isomer)

광학이성질체는 '자신의 거울상(mirror image)과 겹쳐지지 않는 구소' 를 가진 화합물을 말하며 이들은 빛이 통과하는 매질로서 작용할 때에 편광된 빛의 편광축을 일정각도로 변화시키는 특성이 있다. 이 종류를 손대칭성(chiral) 또는 카이랄 화합물이라고 하며 손대칭성을 보이는 화합물중 대표적인 것이 탄소의 4개의 치환체가 모두 다른 화합물로서 이때에 중심 탄소를 손대칭성중심(chiral center) 또는 비대칭성중심(asymmetric center)이라고 부른다. 배치이성체 중 시스-트란스 이성체는 평면형이기 때문에 루이스구조로 완벽하게 도식하여 구분할 수 있지만 sp^3형 탄소의 4개의 치환체에 대한 공간적 배치는 단순한 루이스구조로는 3차원 관계를 명확하게 표현하지 못한다. 4개의 치환체 중 2개 이상이 같은 것이면 서로 구분할 수 없기 때문에 어떻게 배치하거나 그려도 문제되지 않지만 4개가 모두 다를 경우에는 결합의 배치와 도식순서가 물질의 정체를 정의하게 된다.

탄소화합물의 사면체의 꼭지점에 각각 A, B, C, D의 치환체를 임의로 배열하여 그림 2-3의 a) 또는 b)와 같이 표현했다면 두 화합물은 같은 것이 되지만 이 그림에

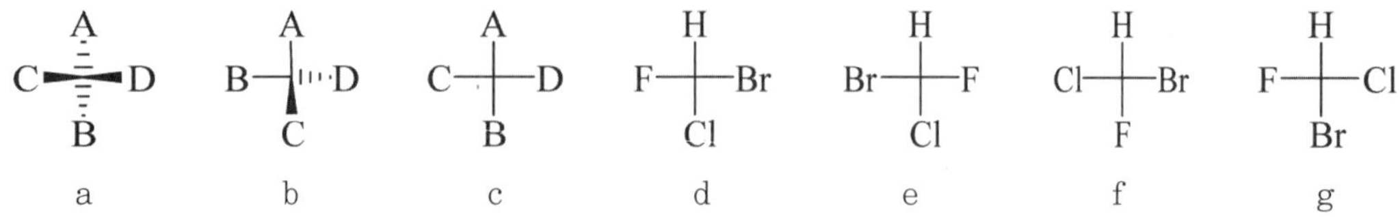

그림 2-3 | 입체이성질체의 표기방법 : a와 b는 입체적으로 표현되었으나 c~g의 경우에는 피셔투영법(Fischer projection)을 쓰면 모든 구조를 명확하게 구분하여 표시할 수가 있다. 즉, 이 방법에 따르면 e, f, g 는 같은 구조이다.

서 4개의 치환체중 어느 2개를 임의로 바꾸면 전혀 다른 화합물이 된다. 여기서 검은색 쐐기는 중심탄소가 위치한 종이면의 앞으로 돌출한 것을 나타내고 점선쐐기는 종이 뒷면으로 멀어지는 치환체를 표현한다. 이러한 입체형을 루이스구조로 일관되게 표현하고자 도입한 것이 그림 2-3 c)의 피셔투영(Fisher projection)방법이다 [20]. 즉, 중심원자 평면 앞으로 돌출하는 치환체를 수평에 배열하면 평면 뒤로 물러나는 치환체는 어쩔 수 없이 수직으로 보이게 된다. 이 투영법은 단순한 만큼 루이스구조와 같이 일반화되어 특히 탄수화물 화학(carbohydrate chemistry)에서 여러 개의 탄소가 입체화학적으로 중복되어 나타날 경우 편리하게 쓰이고 있다. 이 방법으로 CHFClBr화합물을 d)와 같이 표현한 다음 같은 프레임 내에서 어느 두 개의 치환체를 임의로 바꿔서 생성되는 구조 e), f), 그리고 g)는 d)와는 완전히 다른 구조이며 결과적으로 e), f)와 g)는 같은 물질임을 확인할 수 있다. 직접적으로 확인 가능한 것은 d)와 e)는 서로 거울상의 관계에 있으므로 같은 물질일 수가 없는 것이다. 독자들은 적어도 이 단계에서는 간단한 모델을 이용하여 인지적 체험을 해 두는 것이 복잡한 광학이성질체의 입체적 특성을 파악하는 능력에 도움이 될 것이다.

이와 같은 '입체적으로 다름'을 구분하는 한 방법으로 가장 명확한 것은 거울대칭성을 들 수 있다. 즉, d)와 e)는 서로 거울상의 관계에 있으며 서로 다른 물질이다. 따라서 '어떤 분자가 자신의 거울상과 겹쳐질 수 없으면 그 물질은 키랄하다' 고 하며 그 거울상을 상대에 대한 거울상체(enantiomer)라고 정의한다. '겹쳐진다' 는 'superimposable' 또는 '합동' 이라 표현할 수도 있다. 그러므로 d)는 e)의 거울상체이며 그 역도 같은 말이다.

그러나 비대칭탄소가 없는 화합물도 거울상과 겹쳐지지 않으면 키랄 할 수가 있으며 자신과 다른 거울상체를 가질 수 있다. 뿐만 아니라 비대칭센터를 하나이상 가진 분자들의 경우에는 키랄 할 수도 키랄하지 않을 수도 있어서 비대칭탄소의 존재와 비존재만으로는 절대적 기준은 되지 않으며 분자의 대칭요소의 존재여부로 입체성을 검토할 수 있으며 '거울상과의 합동 여부' 가 절대적인 판정기준이 되는 것이다.

그러면 이성질체와 거울상체의 그림이외의 명명법에 의한 구분법은 어떤 것인가? 이를 객관적으로 명확히 하기 위해 Cahn-Ingold-Prelog(CIP system;[21])는 치환체의 우선순위(precedence)로서 원자 또는 원자단의 질량, 그 다음으로는 결합차수에 따라 정한 후에 치환체의 절대적 배치순서의 차이를 정하였다. 몇가지 기능기에 대하여 그 순서를 보면

$$SH > OH > NH_2 > COOH > CHO > CH_2OH > C_6H_5 > CH_3 > H$$

그리하여 우선순위가 가장 낮은 치환체를 중심탄소 평면뒤로 돌리고 앞으로 드러나는 세 개의 치환체의 우선순위가 시계방향으로 감소되면 R-형(라틴어 rectus에서 R) 시계반대방향으로 감소하면 S-형(라틴어 sinistra의 S)으로 명명한다. 따라서 위 그림 2-3의 d)는 S-Bromochlorofluoromethane이며 e), f), g)는 같은 R-Bromochlorofluoromethane이 되는 것이다. 1차 치환체가 같을 경우 결합 하나 건너 다음원자의 우선순위를 따지는 방식으로 전체 우선순위를 매기면서 진행된다.

다음에 열거된 화합물들의 절대배치를 확인하며 입체이성체를 결정하고, 손대칭 중심을 하나 이상 가지는 화합물의 경우 거울상체와 부분이성체(diastereomer), 그리고 meso-form에 대한 차이를 각각 확인하면 입체이성질 현상을 보다 확실하게 이해할 수 있을 것이다.

2가지 이성질체 : 2-Butanol, Lactic acid,
4-Methylcyclohexene(R-, S-Form)

3가지 이성질체 : 2,3-Butanediol(RR-, SS-, Meso-form)

4가지 이성질체 : 2,3-Dihydroxybutanoic acid

(2 enanthiomers, 2 diastereomers, erythro-, threo-form)

2.2.2 형태구조와 원거리 구조(conformation and global structure)

분자의 형태구조란 결합이 형성된 상태에서 원자단의 부분적 회전과 열적 운동, 그리고 결합의 유연성으로 인하여 형성되는 분자의 입체적 구조를 말한다. 이 결합의 유연성이란 결합길이와 각도, 그리고 단일결합의 회전성을 말하는데 결합길이와 각도는 원자가와 원자반지름, 그리고 중심원자의 기하학에 의하여 대체로 결정되므로 변화의 폭이 아주 좁지만 3개의 결합이 관여된 이면각(dihedral angle)은 가운데 단일결합의 회전성이 자유로울 경우 분자 전체의 입체구조를 결정짓는 주요인이 된다. 이를테면 에탄분자의 C-C 결합을 중심으로 3개의 수소가 상대적으로 겹침배열(eclipsed)이나 비틀림배열(staggered)을 이루는 것이 입체적 형태구조를 나타내는 구조이다. 또한 그림 2-4의 a)와 b)는 부탄분자에서 중간의 C-C 단일결합주위로 두 개의 말단 CH_3가 gauche(a)위치와 anti(b)위치에 배열될 때 부피가 큰 CH_3간의 공간적 반발력으로 anti형이 gauche보다 안정한 형태구조를 가진다. 클로로싸이클로헥산 분자도 헥산고리의 한정된 유연성으로 축상(axial)염소와 적도상(equatorial) 염소의 형태구조를 가지며 이 역시 결합이 4개 떨어진 H와의 반발력으로 적도상염소의 형태구조(d)가 축상구조(c)보다 안정한 형태를 유지한다.

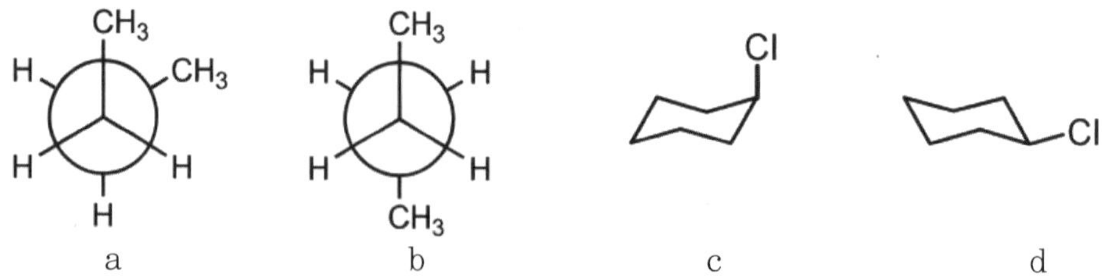

그림 2-4 | 부탄분자의 a) gauche, b) anti 형태구조와 c) 축상, 및 d)적도상 클로로싸이클로헥산의 형태구조

형태구조, 즉, 단일결합의 회전을 유도하는 인자는 근거리 결합자체가 아니라 원자들끼리의 공간적 거리와 인력 또는 반발력으로 결정된다. 결합을 3개 이상 사이에 둔 두 그룹이 구조적 여건 때문에 가까워지게 되면 비결합성(nonbonding) 반발력이나 인력이 생기게 되어 형태구조에 영향을 비치게 된다. 다음 그림 2-5의 아스피린 분자의 경우 아세틸기와 카르복실산은 벤젠고리에 접한 단일결합의 회전에 따라 무수히 많은 형태구조를 가질 수 있다. 가능한 이면각 중 5-6결합, $\varphi_{(1-5-6-7)}$와 6-8결합, $\varphi_{(7-6-8-9)}$의 이면각을 변수로 택하여 분자역학적 에너지(4장 참조)를 계산하여 얻은 에너지표면(energy surface)은 이면각이 형태구조의 형성과 에너지에 중요한 요인임을 분명히 보여준다. 이 에너지표면에 따르면 전체적인 평면형(180, 360도)이 구부러진 형(90, 270도)보다 안정함을 알 수 있지만 그 안정성의 근원은 각각의 에너지성분을 면밀히 분석해 보아야 파악할 수 있다.

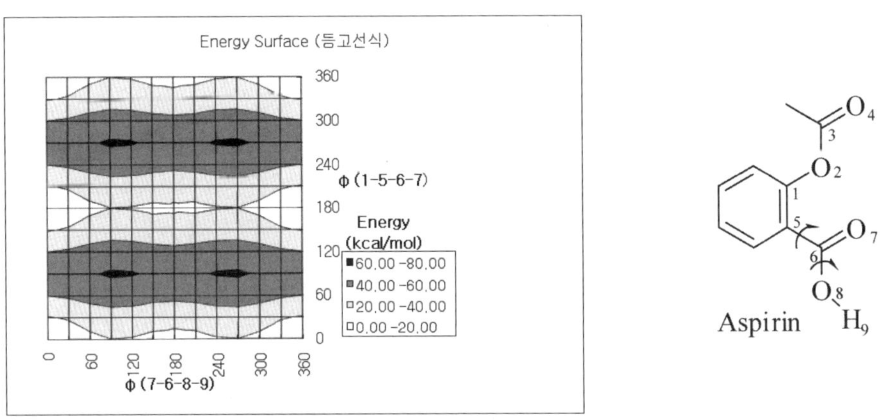

그림 2-5 | 아스피린의 형태구조에 따른 에너지표면 - MM+ 힘장에서 계산된 결합성 및 비결합성에너지의 총합의 이면각에 대한 의존도.

2.3 원자의 부분전하(partial atomic charge)

원자의 전하는 화학결합을 이루는 과정과 화합물간의 상호작용의 예측에 있어서 중요한 물성중의 하나이다. 유리된 원자의 전하는 원자핵 내의 양성자수와 전자수에 따라서 결정되고 중성원자의 경우에는 양전하와 음전하의 균형에 따라 총전하 0의 값을 갖는다. 만일 원자가 하나의 전자를 잃거나 얻으면 각각 +1e(+1.602*10^{-19} coulomb) 혹은 -1e(-1.602 *10^{-19} coulomb)의 전하값을 갖는다고 한다. 유리된 원자의 상태와 거의 유사한 희석된 용액속의 이온들(H^+, Na^+ 혹은 Cl^-)에 대해서는 1.602*10^{-19} coulomb 단위로서의 전하를 정수(integer)의 단위로 표현할 수 있다. 그러나 원자구조 자체가 복잡해지거나 공유결합 화합물에서 공유된 전자는 소속이 명확치 않기 때문에 형식전하에 의존하여 정수의 전하를 배당하는 것은 물질의 성질을 올바로 표현하지 못하는 것이다. 따라서 공유결합화합물에서 각 구성 원자들의 전하는 대부분 정수의 단위로 표시할 수 없으며 보다 실제에 가까운 값을 찾아서 배당해야 할 것이다. 즉, 원자내의 양성자 및 전자배치구조와 화학 결합상태에서의 전자밀도의 분포가 합리적으로 고려되는 방법으로 원자의 전하를 산출하여야 한다.

전자가 관여된 분자구조에서 전하는 계산하는 가장 좋은 방법은 양자역학적 계산법을 쓰는 것이다. 양자역학에서도 *ab initio* 방법이 가장 원칙에 가까운 방법이지만 계산상의 한계로 반경험적방법을 사용하는 것이 일반적이다. 즉, x-선 분석법으로 얻은 구조이거나 분자역학적 방법으로 예측된 구조를 출발점으로 MOPAC[9]과 같은 반경험적 양자역학을 사용하여 분자내 원자들의 전하를 계산하는 것이다. 이러한 방법으로 계산한 아스피린분자내 원자의 부분전하는 그림 2-6과 같으며 사용된 반경험방법과 *ad initio* 방법에 따라 다른 값을 보임을 확인할 수 있다. 또한 각각의 계산안의 결과에서도 일부 화학적으로 등가인 원자들의 전하가 약간씩 차이가 있는 것은 공간배치에 따른 계산상의 돌출변수(artifact)로 생각될 수 있다. 실제 모델링에 있어서는 중성분자는 원자들의 특성을 감안하여 전하를 미세조정 함으로서 전체

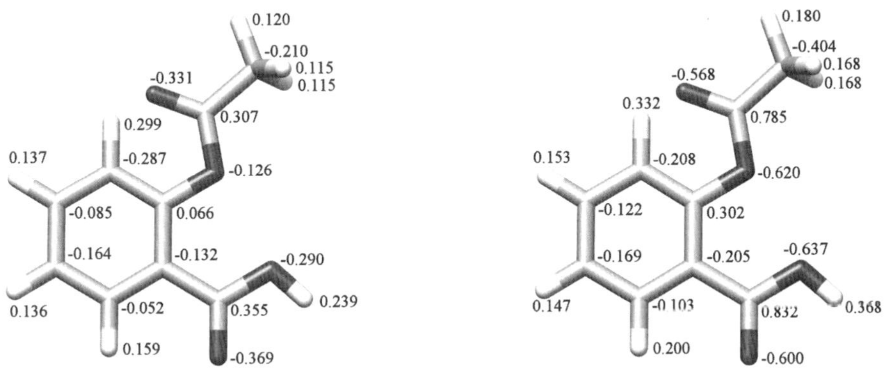

그림 2-6 | 아스피린 분자 내 원자들의 부분전하 - a) 반경험적 양자역학 AM1으로 계산한 값, b) Gaussian94(Large[6-31G**] basis set)을 이용한 전하 계산결과 ; Gaussian 결과가 AM1의 계산 값보다 큰 극성을 보임을 알 수 있다.

원자전하의 총합을 0이 되도록 수정한 후 모델링을 수행한다.

양자역학이나 반경험적 양자역학에 의하여 분자의 에너지를 계산하거나 물성을 예측할 때에는 직접 이 방법으로 계산하면서 모델링 작업을 수행할 수 있지만 전자의 존재를 모르는 분자역학적 힘장에서는 양자역학적으로 계산한 전하를 원자들의 형대별로 평균치를 산출하여 내부데이터에 저장한 후 필요에 따라서 연산에 이용한다. 특히 단백질의 구성성분인 20개의 아미노산이나 핵산의 구성성분인 5종의 염기에 대해서는 AMBER, OPLS 또는 GROMOS 등의 잘 알려진 힘장에서는 각각 고유한 산출법에 의하여 작성된 전하를 그 힘장의 핵심엔진으로 제공하는 것이다.

2.4 분자역학적 에너지(interaction and energy)

2.4.1 결합성 상호작용(bonding interaction)

분자역학적 모델링에서는 분자를 여러 가지 크기의 구와 강도가 다른 여러 가지의 용수철이 결합된 구조로 보고 있다. 이 결합형태의 직접적 상호작용은 세가지 에너지 성분으로 분해해 볼 수 있으며 결합길이에 따른 에너지 E_{bond}, 두 개의 결합이 이루는 각도에 따른 에너지 E_{angle}, 그리고 세 개의 결합이 관여된 이면각의 에너지 $E_{torsion}$를 결합성 상호작용(bonding interaction)이라고 분류한다.

에너지 E_{bond}는 평형길이 근처에서 조화진동자(harmonic oscillator)로서 가장 합리적으로 모델링할 수 있다. 즉 결합상수 k_a를 가지는 어떤 결합의 평형길이가 a_0일 때의 에너지는 다음과 같이 기술된다.

$$E_{bond} = \frac{1}{2}\,\Sigma\, k_a\,(a - a_0)^2 \tag{2-1}$$

원자 및 결합의 형태에 따라 a_0 및 k_a가 각 힘장에 내재되어 있으므로 분자계내의 모든 결합에 대한 합을 구하면 결합길이 에너지가 얻어지는 것이다.

에너지 E_{angle} 역시 조화진동자 함수형태의 수식으로 가장 잘 모델링할 수 있다. 즉, 결합상수 k_θ를 가지는 어떤 결합의 평형각도가 θ_0일 때의 에너지는 다음과 같이 기술된다.

$$E_{angle} = \frac{1}{2}\,\Sigma\, k_\theta\,(\theta - \theta_0)^2 \tag{2-2}$$

두 개의 결합사이의 각도에 따라 θ_0 및 k_θ 역시 각 힘장에 내재되어 있으므로 분자계내의 모든 결합에 대한 합을 구하면 결합각도의 변형에 따른 총에너지가 얻어지는 것이다.

에너지 $E_{torsion}$은 0에서 360도 사이의 값에 대한 것으로 다음의 cosine 함수로 모델링되는 것이 일반적이다. 비틀림상수 k_{φ} 를 가지는 어떤 이면각에 대하여 평형각도 φ_0와 실제 각도 φ 의 차이에 따른 에너지는 다음과 같이 기술된다.

$$E_{torsion} = \frac{1}{2} \Sigma k\varphi (1 + \cos(n\varphi - \varphi 0)) \tag{2-3}$$

여기서 n은 주기성을 나타내는 것으로 분자내 이면각의 특성에 따라 1, 2, 3, 또는 6등의 값을 가질 수 있으며 이 역시 각 힘장에 내재되어 있는 모든 이면각에 대한 합으로 구해지는 것이다.

이 같은 조화진동자의 2차함수 모델뿐 아니라 어떤 힘장에서는 4차함수 또는 모오스(Morse)함수 등이 쓰이기도 한다. 어떤 형태이든 전체 결합성 에너지 E_b는 따라서 세가지 에너지의 합으로 표시될 수 있다.

$$E_b = E_{bond} + E_{angle} + E_{torsion} \tag{2-4}$$

2.4.2 비결합성 상호작용(nonbonding interaction)

결합성(bonding) 상호작용이외에 분자의 형태를 좌우하는 비결합성(nonbonding) 상호작용은 일반적으로 정전기적 인력(electrostatic)과 반데르바알스 상호작용(van der Waals interaction)을 고려하는 것이 보통이다.

정전기 인력은 거리 r_{ij}을 사이에 둔 두 개의 전하 Q_i과 Q_j간의 쿨롱인력(Coulombic interaction)으로 표시되는 에너지 E_{el}로 모델링 된다.

$$E_{el} = \sum \frac{Q_i Q_j}{\varepsilon r_{ij}} \tag{2-5}$$

이때에 ε 는 매질의 유전상수(dielectric constant)이며 거리 r_{ij}는 결합과는 상관없는 공간적 거리를 말한다. 전하 Q_i과 Q_j는 2-3절에서 언급하고 힘장에 저장된 각 원자 고유의 부분전하(partial charge)를 적용할 수 있다.

반데르바알스 상호작용은 인력(attraction)과 반발력(repulsion)을 동시에 고려하는 함수로 표현된다. 역시 거리 r_{ij}을 사이에 둔 두 개의 입자 i와 j간의 반데르바알스 상호작용 E_{vdW}은 다음과 같이 Lennard-Jones potential[22], 또는 L-J 함수로 표시된다.

$$E_{vdw} = \sum \left\{ \frac{A_{ij}}{r_{ij}^{12}} - \frac{B_{ij}}{r_{ij}^{6}} \right\} \tag{2-6}$$

여기서 A_{ij}는 i와 j의 반발력을, B_{ij}는 인력을 나타내는 파라미터로 원자단의 형태에 따른 고유치로 힘장에 내재되어 있다.

그 외에도 분자내 혹은 분자간의 상호작용으로 특별히 중요하게 취급되는 수소결합[23]을 들 수 있는데 이를테면 AMBER 힘장에서는 L-J 함수와 유사한 다음과 같은 함수를 사용하여 계산한다.

$$E_{hydrogen\text{-}bond} = \sum \left\{ \frac{C_{ij}}{r_{ij}^{12}} - \frac{D_{ij}}{r_{ij}^{10}} \right\} \tag{2-7}$$

수소결합(hydrogen bond)은 공유결합을 형성한 수소원자와 주변의 전기음성도가 수소보다 높고, 비공유전자쌍을 하나이상 가진 원자와 강한 공유결합에 근접하는 인력을 형성하는 것을 말하는데 수소와 결합한 원자를 수소주개(hydrogen donor), 비공유 전자쌍을 가진 원자를 수소받개(hydrogen acceptor)라고 부른다. 고전적으로는 수소주개와 받개 모두 N, O와 F 원자에 국한하였지만 최근에는 S 원자등 전자쌍을 가지고 전기음성도가 수소보다 높은 원자를 폭넓게 포함하여 언급하기도 한다. 또한 주개와 받개간의 거리 $d_{(D-A)}$가 2.2~2.5Å 정도이면 '공유결합성의 강한 결합', 2.5~3.2Å은 '중간강도의 정전기적 특성' 그리고 3.2~4.0Å 사이이면 '약한 정전기력'으로 분류된다. 또한 수소주개-수소-수소받개가 이루는 각도도 임의의 각도가 아닌 $\theta_{(D-H...A)}=135\sim180°$ 사이의 값을 수소결합의 한계치로 보고 있다.

이 밖에 분자계에 어떤 특별한 상호작용이 존재하는 증거가 확인되면 그 상호작용을 합리적으로 모델링하여 에너지 항목으로 같이 고려할 수 있다. 그 특별한 예가 거리제한값(distance restraints)으로서 핵자기공명분광학(NMR)의 HMBC 및 HMQC 등의 측정기술로 얻어지는 원자와 원자간의 공간적 거리값은 그 원인분석 이전에 실험적 측정치로서의 가치를 인정할 수 있기에 힘장의 특별한 함수(special force)로 고려할 수 있다. 이렇게 거리제한값을 대입하여 형태구조의 형성에 이용하는 알고리즘이 거리기하학(Distance Geometry) 방법[24]이며 거대 생체분자의 구조, 특히 용액상의 구조를 밝혀내는 방법으로 이용된다.

이 모든 비결합성 상호작용을 합한 항목 E_{nb}은 (2-9)식과 같고 전체 상호작용의 합인 분자역학적 총에너지 E_{pot}는 (2-10)식과 같다.

$$E_{distance}=\Sigma\{\Delta(x, y, z)\} \quad (2\text{-}8)$$

$$E_{nb}=E_{el}+E_{vdW}+E_{hydrogen-bond}+E_{distance} \quad (2\text{-}9)$$

$$E_{pot}=E_b+E_{nb}= E_{bond}+E_{angle}+E_{torsion}+E_{el}+E_{vdW}+E_{hydrogen-bond}+E_{distance} \quad (2\text{-}10)$$

이 식을 구조적 위치에너지(structural potential energy)라 할 수 있으며 분자계의 안정성을 표현할 수 있는 함수이다.

2.5 에너지 최적화(Energy Minimization)

분자구조의 안정성은 곧 총 위치에너지의 값으로 표현될 수 있다. 분자계를 분자역학적 관점에서 해석한다면 이는 (2-10)식의 E_{pot}값의 크기로서 표현되며 이 에너지 값에 영향을 미치는 인자는 위 식에 관여된 파라미터의 종류와 분자계 입자의 좌표개의 수만큼이나 많다. 이를 쉽게 형상화하기 위해 어떤 임의의 파라미터 하나에 대한 총에너지를 그림 2-7과 같은 에너지곡선으로 나타내 볼 수 있다. 물론 에너지값이 작을수록 안정하며 증가하면 불안정한 것으로 표시되는데 이는 안정한 구조에 기여하는 파라미터의 값으로 조절되는 것이다.

그림에서 보듯 한 분자계는 구조인자 파라미터 조합 중 여러 가지 값에서 안정한 형태구조를 가질 수 있다. 그 중 지역적으로 근거리 질서에 의한 여러 개의 부분적 안정상태(local minimum)가 존재할 수 있고 여러 개의 안정한 상태들 중 최저의 에너지값을 갖는 최저에너지상태(global minimum)를 하나 가질 수 있다. 물론 최저에너지상태가 그 분자계의 가장 안정한 구조라 할 수 있지만 분자계가 처한 환경이 특정 용매 안이거나 수용체에 결합된 상태라면 전체의 환경요인을 같이 포함하여야 할 것이다. 어떤 경우이든 모델링의 일차적인 목표는 독립된 분자계의 경우 받아들

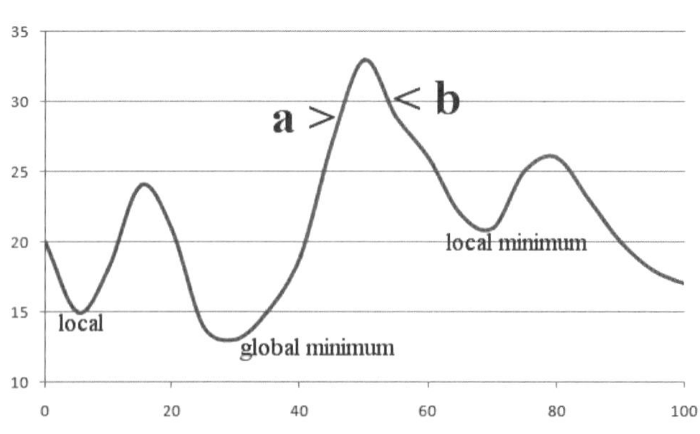

그림 2-7 | 위치에너지 곡선 – 파라미터에 따라 분자계는 부분안정상태(local minimum) 또는 최저에너지상태(global minimum)를 가질 수 있다.

일 수 있는 정도의 안정한 구조를 찾는 것이며 이 과정을 에너지최소화(energy minimization) 또는 기하학적 최적화(geometry optimization)이라고 한다. 즉, 그림 2-7에서 우연히 초기 구조가 a 또는 b의 상태로 표시하는 경우 어떠한 경로를 통하여 보다 안정한 구조에 도달하는 길을 찾는 과정인데 여기에는 대체로 두가지 수학적 알고리즘이 쓰이고 있다.

2.5.1 최속강하법(Steepest Descent method)

시작점의 어떤 원자의 위치를 소폭 변화시킨 후 에너지변화(기울기)를 계산하여 기울기가 작아지는(descent) 방향으로 위치좌표를 수정한다. 물론 이 과정을 분자계 모든 원자에 대하여 순차적으로 적용하여 새로운 구조를 찾는다. 그 지점에서 다시 기울기를 계산하여 기울기변화가 적은 방향으로 구조를 변경하는 과정을 되풀이 하여 기울기변화가 없는 최소점을 찾는 방법이다. 즉, 그림 2-7의 a 나 b 점으로부터 각각 왼쪽으로 혹은 오른쪽으로 소폭씩 이동하면 점차적으로 기울기가 작아지면서 최소점에서는 기울기 0을 얻는 것이다. 이 방법은 초기구조가 최소점으로부터 멀리 떨어져 있을수록 최소점 방향으로의 수렴이 빠르지만 최소점 근처에서는 최적구조를 찾기가 오히려 어려워지는 단점이 있다.

2.5.2 결합기울기법(Conjugate Gradient method)

어떤 시점에서의 기울기와 바로 전단계의 기울기를 결합하므로서 최소점으로 향하는 방향을 설정하여 구조를 수정하는 과정을 반복하여 최소점에 도달하는 알고리즘이다. 그러므로 매 단계마다 수정방향 결정에 필요한 자료수가 많이 필요하며 연산시간이 길어지는 단점을 수반한다. 또한 초기구조가 안정권에서 먼 경우에는 수렴

속도가 느리지만 최소점 근처에서는 최소점을 찾는 효율이 높아져서 안정적으로 최적구조를 찾아내는 방법이다.

일반적으로 초기구조에서는 1차적으로 최소강하법으로 분자계를 최소점 근처로 옮겨놓은 다음 계속하여 결합기울기법으로 최소에너지 구조를 찾는 방법이 효율적이다. 그러나 이 과정에서도 극복되지 않는 문제는 a지점이든 b지점이든 최대에너지 고개는 극복하기 어렵다는 것이다. 즉, 위 그림 2-7의 경우 우연히 최적화가 a의 구조로 부터 출발하였다면 분자계는 최저에너지구조에 도달하지만 b 지점에서는 부분안정상태에 도달할 것이며 최저에너지상태로 넘어 가는 것은 위치에너지만으로 골짜기를 타고 내려가는 최적화 방법으로는 어려워 보인다.

2.6 분자동력학(Molecular Dynamics)

분자동력학은 입자계의 현재의 위치와 속도로부터 미래 시점의 위치와 속도를 예측하고자 하는 뉴톤역학의 개념에서 출발한다[25]. 출발점은 분자계의 정지상태의 함수인 위치에너지 E_{pot}로부터 시작한다. 실제 분자계는 절대영도 이상의 온도에서는 분자 또는 분자내 원자는 주변의 열원과의 교류에 의하여 기본적으로 운동하는 역학체인 것이다. 이 사실을 수식화 하려면 분자계에는 열운동에 따른 운동에너지함수 E_{kin}를 부여해야 한다.

$$E_{kin}(t) = \frac{1}{2}\Sigma\, mv^2(t) = \frac{1}{2}N\, k_B T(t) \tag{2-11}$$

여기서 구성원자의 질량 m과 현재온도에서의 운동속도 v(t)를 분자계 모든 원자 N개에 대하여 합산해야 하며 k_B는 볼츠만상수 T(t)는 현새 열원의 온도를 나타낸다. 분자역학적 계산은 현재시점의 위치와 속도를 알고 다음 순간의 위치와 속도를 계산할 수 있어야 한다. 첫 난계에서는 (2-10)식의 위치에너지 E_{pot}의 위치 r(x,y,z)에 대한 1차도함수가 운동하는 원자에 가해지는 힘 F(t)와 같음에서 출발한다.

$$F(t) = -\, dE_{pot} / dr(x, y, z) \tag{2-12}$$

각 원자에 가해지는 가속도 a는 (2-12)식의 힘을 질량 m으로 나눔으로서 얻어진다.

$$a = dv(t) / dt = F(t) / m \tag{2-13}$$

이에 따라 뉴튼의 고전적 운동방정식은 다음과 같이 쓸 수 있다.

$$dr(t) / dt = v(t) \tag{2-14}$$

이 식의 적분 값으로부터 어떤 시점 t에서 위치정보를 찾아가면서 분자계의 시간 운동을 계산하는 것이다. 합리적으로 설정된 위치에너지 방정식을 쓰면 평형상태의 분자구조, 운동역학적 성질 또는 열역학적 성질 등을 예측하는데 효과적으로 사용될 수 있다.

2.6.1 열에너지의 도입과 운동방정식

분자동력학의 시작점은 (2-11)식의 운동에너지 도입인데 분자 하나의 온도를 어떻게 정의할 것인가가 문제이다. 온도와 같은 거시적 물리량은 미시적 앙상블이 많이 모여서 구성된 통계적 시스템이며 많은 물리화학적 측정량과 직접비교 연관 지어져야 한다. 현실적으로는 무한한 수의 앙상블을 계산하기 어려우므로 에르고드의 가설(Ergodic hyperthesis)을 도입하면 일정 한도시간내의 시간평균치(time average)로서 앙상블평균(ensemble average)치를 대체하여 물리량을 얻어낸다는 것이며 실제 많은 수의 분자동력학적 프로그램들이 적용하는 알고리즘이다.

일반적으로 초기 온도를 T=0 K 에서 시작하는 것보다 그 이상의 비교적 낮은 온도를 초기온도로 설정하고 (2-11)식에 따른 원자들의 평균속도 v(t)를 계산한 다음, 입자들이 운동변위에 따른 위치 (2-13) 및 (2-14) 속도와 위치의 적분을 산출한다. 이 때 입자들의 운동방향은 첫단계에서는 무작위(random)적 방향으로 뉴튼의 운동방정식을 시동 한 후 몇 단계를 거치면서 입자들의 운동벡터와 속도가 정류상태의 값을 가지게 된다. 이런 방법으로 일정시간 동안 시행된 분자동력학적 연산에서 시간적으로 누적된 구조 좌표들(trajectory)은 에너지와 구조에 대한 통계적 평균값을 산출하는데 이용되는 것이다.

운동에너지를 포함한 고전역학적 분자계 모델링에서는 위치에너지와 더불어 온도에 따른 열에너지의 크기에 따라 위치에너지 장벽을 넘을 수 있는 가능성이 열려 있다. 이를테면 그림 2-7에서 위치에너지 30이상에 해당하는 여분의 에너지가 함께 고려된다면 분자계는 위치에너지 장벽위의 공간에서 활동하는 계가 되면서 다른 공간의 최소값, 또는 최저에너지 구조까지 도달할 수 있는 것이며 보다 넓은 형태구조 공간을 검색할 수 있는 가능성이 주어지는 것이다. 이 알고리즘을 적극 활용한 방법 중의 하나가 모의담금질(simulated annealing)방법(4.15절 참조)으로 분자계의 온도를 임의로 높여 열적평형에 도달시킨 다음 서서히 온도를 낮추어 최소에너지 구조를 찾는 방법이다.

2.6.2 분자동력학의 실행절차

초기의 분자계는 (2-10)식의 위치에너지만으로 정의되며 여기에 열에너지와 운동요소를 실행하기 위해서는 순차적으로 진행할 필요가 있다.

(1) 구조최적화(geometry optimization)

우선 초기의 형태구조에 대하여 (2-10)식의 위치에너지만으로 최적화를 거치는 것이 좋다. 분자제작도구(molecular editor)를 통하여 만들어진 구조는 현재 힘장에서 정의된 원자형태와 피라미터에 맞게 설정되었는지를 검토해야 할 것이고 x-ray 데이터에서 얻어온 구조라면 고체 상태에서 적용되었던 긴장구조(structural strain) 요인이 있는지 검토해야 한다.

(2) 에너지보존과 온도조절(temperature control)

뉴튼의 운동방정식을 검토해 보면 직접적으로 온도의 항목이 들어가 있지 않다. 즉, 분자계의 전체 에너지는 항상 일정해야 하지만 운동에너지 항목은 어떤 경로를 통하여 주입되어야 한다. 즉, (2-11)식의 볼츠만 통계함수를 통하여 입자의 운동속도를 산출하므로서 온도를 모사하는 것이다. 이를 위해서 가상적 열원과 분자계의 결합방법을 쓴다. 임의로 설정되는 온도의 열원과 분자계를 연결하는 온도결합(temperature scaling)식에 이완상수(relaxation constant) τ 를 도입한다. 일반적으로 강한 결합(strong coupling)으로는 이완상수를 충분히 작게(〈0.1초)하면 설정된 온도에 쉽게 도달하며 형태구조의 검색이 효율적으로 수행될 수 있다. 이 경우 시스템이 불안정하게 요동칠 수 있어서 약한 결합법(weak coupling)으로 이를 충분히 길게(〉0.1초) 준다면 쉽게 안정화되면서 상관함수(correlation function)나 시간의존성 역학적 물성의 예측이 용이하며 보다 자연스러운 구조좌표를 얻을 수 있다. 또한 이완상수가 작으면 설정온도에 빠르게 도달하면서 온도변화의 폭이 아주 좁고 큰 이완상수에서는 온도 변화의 폭이 크다는 특성이 있다.

(3) 가열과정(heating process)

위치에너지에 운동에너지를 도입하기 위한 가열과정의 길이는 모의실험의 목적에 따라 다를 수 있다. 형태구조검색을 위한 과정이면 긴 가열시간이 별로 중요하지 않으며 빠른 구조검색을 위해 신속하게(0.1 ps) 정상속도에 도달하게 하여 보다 넓은 구조공간을 거치는 것이 중요하다. 그러나, 생체분자, 특히 단백질의 접힘(folding) 등을 연구할 때에는 가열과 정상화(equilibration)는 분자계의 평형특성을 수반하기 때문에 중요한 변수가 된다. 급격한 가열에 따른 입자의 과도한 위치변화는 거대분자의 국지적(local) 뒤틀림(distortion)을 동반할 수 있으므로 주의해야 한다. 즉, 천천히(temperature step 6 K) 오랫동안 (5~10 ps) 가열하여 분자계가 초기안정화(geometry optimized)구조에서 서서히 운동하도록 하므로서 급격한 구조변화를 피하게 하는 것이다. 30K/ps정도의 가열속도이면 분자계는 매 온도단계에서 거의 평형상태를 유지하고 있다고 볼 수 있는 것이다.

실제에 있어서 0 K가 아닌 어떤 온도, 이를테면 100 K 를 시작온도로 설정하면 그에 따른 평균속도와 무작위의 방향벡터를 계산하게 된다. 이 초기화의 몇 단계를 거치면 분자계는 평형화되고 일정 간격으로 서서히 온도를 올려가면서 최종 작업온도에 이를 때까지 분자동력학을 실행한다.

(4) 실행과정(running process)

일반적인 작업온도, 300 K,에 도달한 후에도 일정시간을 계가 정류상태(stationary)에 도달하도록 방치한 후 시간평균치를 구할 만큼 충분한 구조좌표를 얻을 때까지 분자동력학을 실행한다. 보통 작은 유기분자계의 경우 1ps 정도의 평형시간 경과후 10ps 정도의 실행시간이면 적절할 것이며, 단백질이나 거대 생체분자들은 1~3 ps의 평형시간 후 30ps 정도의 실행시간이 있어야 평형이나 통계역학적 물성의 예측이 의미가 있을 것이다. 보통 적절한 성능의 컴퓨터가 동원가능하면 100ps 또는 1.0 ns를 넘어 실행하기도 한다. 비평형현상의 예측에는 평형화가 크게 중요한 것이 아니니 생략할 수도 있고, 열분해의 관찰과 같은 현상이 목적이거나 또는 모의담금질이라면 작업온도는 600K까지 높일 수도 있다.

(5) 냉각과정(cooling process)

실행과정에서 원하는 시간길이의 동력학이 실행되어 충분한 양의 구조좌표가 축적되었다면 모의실험을 중단할 수 있지만 모의담금질로 최저에너지구조를 찾는 것이 목적이라면 최종온도를 설정하여 서서히 냉각시키므로서 안정한 평형구조로 안착시킬 수 있다.

(6) 시간간격(time step)

분자동력학 모의실험은 운동방정식의 시간적분을 하기 위한 것인데 이러한 수치적분을 하기 위해서는 일정간격의 시간마다 구조좌표를 축적해야 한다. 시간간격이 작을수록 정밀한 구조좌표가 얻어지지만 연산시간이 길어지는 단점이 있으므로 적절한 간격을 취하는 것이 전략이다. 보통 분자운동에 있어서 고주파진동으로 O-H, N-H,

C-H 등의 결합인데 이들의 움직임을 포착하기 위해서는 0.5 fs(femtosecond), 즉 0.0005 ps(picosecond)보다 긴 간격을 써서는 안된다. 그래서 어떤 힘장에서는 병합원자(united atom)방식으로 수소를 C원자의 일부로 결합시켜 원자량 13(CH), 14(CH_2) 또는 15(CH_3)로 계산할 경우에는 진동주파수가 길어지기 때문에 간격을 0.002ps까지 증가시켜 4배정도 빠르게 연산하는 방법을 쓰기도 한다.

(7) 총 실행시간과 데이터의 축적(data collection)

분자동력학 모의실험의 결과는 구조좌표의 축적으로 나타난다. 즉, 0.5 fs의 간격으로 총 1.0 ps의 시간을 실행했을 경우 2,000개의 구조가 얻어진다. 실제적으로 어떤 물리량에 대한 의미 있는 모의실험을 위한 시간은 ns 수준인데 적어도 1.0 ns의 실험을 수행하면 2,000,000개의 구조가 얻어진다. 이 많은 수의 구조를 저장하는 것 자체도 문제이지만 그 데이터에서 물리량을 산출하는 것도 쉽지 않은 일이다. 그래서 대부분의 프로그램들은 이 많은 수의 데이터를 저장하지 않고 생산되는 즉시 처리하여 필요한 물리량을 산출하는 방법을 쓰며 이를테면 에너지 평균값 같은 것은 일정구간별의 값을 평균하여 저장한다. 또한 모든 좌표를 전부 저장하지 않고 매 n 단계마다 저장한다면 데이터의 양을 1/n으로 줄일 수 있고 그 구간에서 평균구조를 산출하면 미세한 구조정보는 손실되어도 일정 시간동안의 구조는 평균값에 반영되어 남아있게 되는 것이다. 또한 일정 길이의 쓸만한 분자동력학 시행은 시간과 많은 양의 데이터생산이 문제가 되기 때문에 이를 압축된(binary) 데이터로 저장하여 후일에 연산시간 없이 재생하면서 데이터처리를 하는 방법도 만들어 놓고 있다.

분자동력학적 모의실험(simulation)으로 얻을 수 있는 것은 두 가지로 요약해 볼 수 있다. 첫째로 공간적 정보(spatial information)인 분자계의 구조적인 문제로서 가능한 형태구조 공간을 적어도 이론적으로는 남김없이 검색하여 가장 안정한 구조(global minimum)를 찾을 수도 있고 실제로 어떤 다른 구조가 가능한지를 찾아볼 수도 있다는 것이다. 그러나 분자계의 규모가 커질수록 형태구조공간의 규모는 기하급수적으로 커지며 이론적으로 가능한 공간규모를 현실적으로 가능한 연산시간 내에 모두 검색하기 불가능하게 되는 문제가 있다. 둘째는 시간적 문제(time dependant information)로 모의실험을 통하여 얻으려고 하는 열역학적 성질과 물리적 성질의 예측이야 말로 모의실험에서 얻고자 하는 중요한 특성중의 하나이다. 그러나 이러한 물성치도 일정시간(ms) 이상의 동역학적 연산 결과가 데이터로 축적되어야 측정이 가능한 바, 이 목표도 분자계의 구성입자수가 10,000여개를 넘어서면 읻기 쉽지 않은 대상이 되는 것이다.

2.7 몬테카를로 모의실험(Monte Carlo simulation)

분자동력학적 실험이 뉴톤의 방정식을 체계적으로 적분하는 방법으로 분자계를 어느 한 구조에서 시작하여 근접한 형태구조공간을 순차적으로 검색하여 얻은 한 시리즈의 구조의 시간평균구조를 얻는데 반하여 몬테카를로 방법[26]은 볼츠만 분포로부터 무작위(random)로 일정 개수의 구조를 얻어 통계적 평균구조를 얻는 방법이다. 즉, 분자동력학의 시간평균(time average) 대신 통계평균(statistical average)으로부터 앙상블평균값을 얻는다는 것이다. 이 방법은 체계적인 형태공간검색은 아니지만 파라미터를 적절히 선택하면 오히려 평형에 가까운 구조군을 빨리 찾을 수 있어 평형구조나 열역학적 성질의 예측이 효과적일 수 있다.

무작위 출발점으로 시작하는 역학계산이므로 초기구조에는 엄격한 조건을 설정할 필요가 없다. 굳이 에너지 최적화를 수행할 필요는 없지만 일단 정돈된 구조가 좋을 것이며 결정구조가 알려졌다면 그것도 적절한 초기 구조가 될 것이며 모의실험의 결과가 초기구조에 크게 영향을 받지는 않는다. 다만 중요한 변수 중의 하나는 Δx로 다음 구조의 위치변이 값인데 너무 작으면 검색하는 형태구조공간이 너무 좁고 너무 크면 물리적으로 엉뚱한 구조가 검색되어 효율이 떨어질 수 있음을 감안해야 한다.

2.8 랑제방 역학(Langevin Dynamics)

분자동력학이나 몬테카를로 실험은 분자하나의 역학을 다루고 있다. 그러나 이러한 분자하나의 역학은 기체상 혹은 진공 하에서나 가능한 일이며 실제로는 다른 분자들, 특히 용액 속에서 용매와의 상호작용이 더 중요한 성질의 근원일 수 있다. 그러나 실제 용매분자를 현실에서와 유사한 규모로 계산에 포함하는 것(2.9 용액의 역학 참조)은 엄청난 양의 데이터 저장과 길어지는 연산시간에 대한 부담으로 인하여 용매효과에 대한 다른 대안의 모색이 중요해 지고 있다. 소위 랑제방 역학(Langevin dynamics[27])에서는 분자간의 충돌과 그에 따른 에너지의 유실을 다른 분자, 특히 용매분자(explicit solvent)를 직접 포함시키는 대신 용매효과를 가상적 용매(implicit solvent)의 효과로 계산하는 방법을 사용한다. 즉, 분자간 충돌효과는 무작위적 응력(random force)으로 감안하고 에너지의 분산은 마찰력(frictional force) 항목으로 모든 원자와 시간단계에 포함키는 것이다. 그리히여 식 (2-13)을 다음과 같은 방법으로 모델링하는 것이다.

$$a = F(t) / m - \gamma \, v(t) + R / m \qquad (2\text{-}15)$$

여기서 γ 는 용매의 마찰계수(friction coefficient)이며 R은 용매분자에 의한 무작위적 힘을 나타내며 원자의 속도와 관계없는, 가우스분포(Gaussian distribution)에서 따오는 난수를 이용하여 계산된다. 마찰계수는 용매분자에 의한 점도성 끌림현상의 정도를 나타내는 것으로 그 크기는 용매의 분산계수(diffusion coefficient)와 연관되어 있다. 즉, 매질에 의한 속도의 감소와 관련되어 있으며 값이 작아질수록 원래 뉴튼역학적 성질에 가까워지며 커질수록 물리적 특성이 용매에 의하여 분산형으로 기우는 경향을 모델링 하는 것이다.

2.9 용액의 분자역학 – 주기적 복제방법(Periodic Boundary Condition)

앞 절의 랑제방 역학에서는 용매의 효과를 운동방정식에 간접적으로 고려하는 방법을 언급했지만 이 절에서는 용매를 구체적으로 모델링하여 계산에 포함시키는 방법을 생각해 본다[28].

가장 일반적 용매로 H_2O, CH_3OH, CCl_4 등을 들 수 있으나 간단히 H_2O의 경우 생성자체가 매우 간단하다. 결합길이와 각도 등 일반적 힘장에서 정의된 값을 사용하면 되고 잘 알려져 있는 SPC, SPC/E[29], TIP3P, TIP4P[30] 등이 있으며 각각은 제작자에 따라 약간의 기하하학적 차이와 부분전하, 쌍극자모멘트, 밀도, 유전상수 등의 물리적 성질의 차이를 내포하고 있다.

그러나 용질분자는 하나이면 충분하지만 용매는 일정한 최소량의 집합이어야 하고 현실적 상황을 모의해야 하는데 그렇다고 해서 몰단위의 많은 양(10^{23}개)를 실험할 수는 없기 때문에 다른 전략을 써야 한다. 용질분자 주변으로 반경 일정거리 이내에 포함될 용매분자만을 계산에 포함시키면 계산해야 할 용매분자의 수를 줄일 수 있으며 용질과 용매와의 직접적인 상호작용을 계산할 수 있을 것이지만 용매표면에서 용매의 활동은 한쪽 방향으로만 영향력을 계산할 수밖에 없으므로 용매효과를 정확하게 고려할 수 없게 된다. 또한 용질과 원거리 용매와의 상호작용을 무시해야 되는 문제가 있다. 그래서 도입된 것이 용액상자의 주기적 복제방법(Periodic Boundary Condition)이다. 그림 2-8에서와 같이 명시적으로 계산하려는 용질분자와 그 주위 일정범위안의 용매만으로 구성된 용액상자를 실제로 생성한 후 전후좌우상하의 주변 모든 방향으로 자신과 같은 복제상자 26개를 가상실체로 설정한다. 주상자안의 작용은 그대로 계산하고 계면을 넘어서는 상호작용은, 그것이 용질과 원거리 용매와의 것이든 용매끼리의 것이든, 자신과 복제상자안의 복제품과의 상호작용의 항으로 계산하는 것이다. 물론 복제상자는 일정한 거리가 떨어져 있으니 그만큼의 거리만 더하여 계산하면 되는 것이다. 이런 방법이면 모든 원거리 상호작용을 원칙적으로 모두 계산할 수 있지만 실제적으로는 일정 거리 이상의 범위를 넘어서면 상호작용의 크기를 무시할 수 있으므로 무한정의 복제상자를 계산할 필요는 없어지는 것이다. 문제는 가능한한 적은 수의 용매분자를 담는 합리적 상자를 만들어야 연산시간을 현실적 범위내로 줄일 수 있으며 일반적으로 6면체의 상자(cubic box)(그림 2-8 a)를 사용하지만 어떤 프로그램은 절단된 8면체(trucated octahedron) 상자를 사용하여 6면체상자보다 더 적은 수의 용매분자로 같은 효과를 계산할 수 있다.

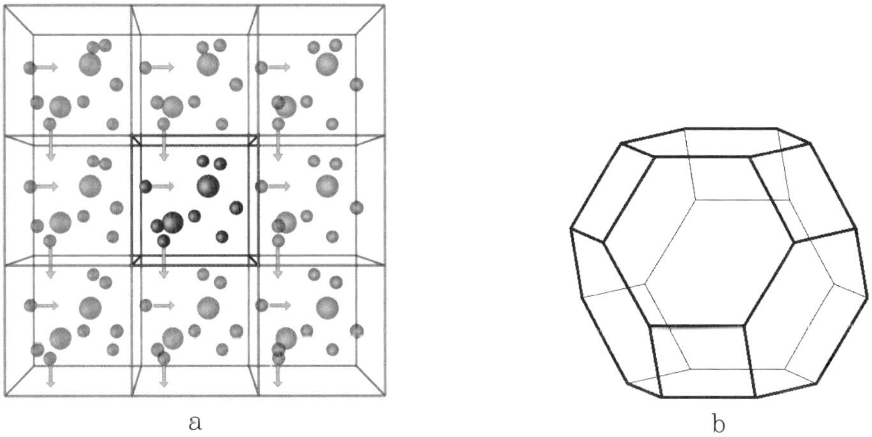

그림 2-8 | 주기적 복제에 의한 용액상자 ; a) 6면체의 주기적 상자 b) 절단된 8면체상자

제3장 생체분자의 모델링

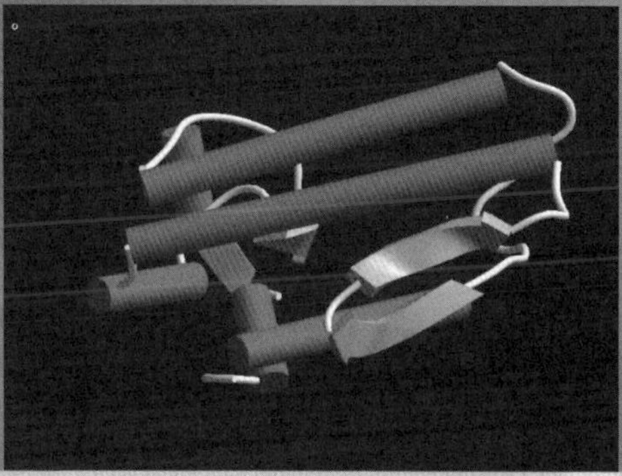

Molecular Modeling
- Basics and applications

The ultimate aim of the modern movement in biology is in fact to explain all biology in terms of physics and chemistry.

– Francis Crick –

자연계에 존재하는 생체분자(biomolecule)들 중 대표적인 것은 단백질(protein), 핵산(nucleic acid), 지질(lipid) 및 다당류(carbohydrate)를 들 수 있다. 단백질은 그 분석 방법에서나 물리적 특성의 이해에서 가장 잘 연구된 생체분자이며, 핵산의 기능과 유전적 정보에 관해서는 1940년대에 와서야 비로소 알려지기 시작했다. 또한 지질의 생물학적 기능은 1960년대에 비로소 연구되기 시작되었으며 다당류의 생물학적 기능에 대해서는 아직도 의문점이 많이 남아 있는 생체분자이다.

이 장에서는 단백질의 기본적인 구조적 특성에 관하여 알아보고 생체분자의 모델링이 어떤 방식으로 실행되고 있는지 살펴본다.

3.1 아미노산의 구조와 성질

단백질을 구성하는 성분은 아미노산(amino acid)으로 자연계에서는 20개의 필수 아미노산만 발견되고 있으며 이들은 모두 α -L아미노산으로서 카르복실기의 α 위치에 1차 아민(19개 아미노산)기가, 또는 2차 아민(프롤린)기가 치환된 구조이다. 또한 글라이신을 제외하면 α 위치에는 H하나와 19종의 다른 기가 치환되어 있어서 $C\alpha$ 는 비대칭 탄소로 입체이성체를 이루며 모든 아미노산이 L구조를 이루고 이것을 표 3-1에 요약하였다. 이소류신(Ile)과 트레오닌(Thr)의 곁가지에는 $C\alpha$ 이외에 각각 S형과 R형의 비대칭탄소를 하나씩 더 가지고 있다. 아미노산 잔기의 명칭은 보통 3자 축약형 또는 1자 축약형을 쓰며 영문명칭의 앞 세글자 또는 한글자를 쓰되 중복이 될 경우에는 빈도가 높은 것에 우선권을 주는 방법으로 명칭이 주어져 있다[31].

아미노산의 구조내에서 각 원자에도 국제적으로 통일된 원자명명법을 사용한다. 즉, 아미노산 골격 중 펩티드의 N과 H, 그리고 C와 O는 원소기호와 동일한 이름 N, H, C, O를 사용하고 $C\alpha$는 CA, $C\alpha$에 결합한 수소는 HA라 명명된다. 그 다음 곁가지로 가면 $C\alpha$로부터 순차적으로 그리스 알파벳에서 따온 영문자를 사용하여 명명한다.

즉, β (B), γ (G), δ (D), ε (E), ζ (Z), η (H)을 써서 CB, CG, CE, NZ, CH등으로 명명하며, 그 모원자에 결합된 수소도 역시 같은 자를 붙여서 HE, HZ1, HZ2, HH1 등으로 명명하여 아미노산 내의 모든 형태의 원자가 중복 없이 고유의 명칭을 가질 수 있도록 하였다.

아미노산의 질량은 펩티드 결합을 형성한 단백질 내에서 각 단위 아미노산의 질량을 나타낸 것으로 NHCα Hα RCO 단위의 질량을 즉, 자유형 아미노산질량에서 실량 18(H_2O)을 뺀 값이다.

카르복실기(-COOH)의 산 해리상수는 pK_1으로 수록하였고 아미노기(-NH_2)의 염기상수 pK_b 대신 pK_a=pK_w-pK_b에 의하여 암모늄기(-NH_3^+)의 pK_2로 표시하였다. 곁가지가 따로 산(-COOH)이나 염기(-NH_2)를 가시고 있으면 그에 해당하는 pK_s를 따로 명시하였으며 아미노산의 등전점 pI는 (pK_1+pK_2)/2로 계산할 수 있으나 염기성 아미노산(Lys, Arg, His)은 (pK_s+pK_2)/2로, 산성 아미노산(Asp, Glu)은 (pK_1+pK_s)/2로 계산한 값이다.

표 3-1의 필수아미노산 이외에도 자연계에는 드물지만 변형된 아미노산(mutated amino acid)이 존재한다. 4-hydroxyproline, 5 hydroxylysine이나 ε-N,N,N-Tri-methyllysine 등이 있는데 분명한 것은 단백질의 형성시에는 필수아미노산만으로 만들어지고 변형은 추후에 일어난다는 것이다. 단백질의 구성이외에도 아미노산이나 그 유도체들 중에는 종종 특별한 기능을 하는 물질이 있다. 그림 3-1에 몇 가지를 보여주고 있는데 이들이 암시하는 사실은 '자연도 이미 알려진 물질이나 과정을 새로운 기능을 도입하는데 모방하면서 사용한다' 는 사실이다.

표 3-1 | 가지 아미노산의 명칭(이름,3자,1자축약어), 곁가지의 루이스구조, 펩티드형성시의 단위질량, 자연계 발생빈도, pK_1, pK_2 및 곁가지의 pK_S, 그리고 등전점(pI).

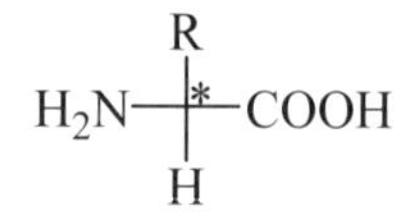

이름	R-기	질량	부피	pK_1	pK_2	pK_S	pI
R : Neutral nonpolar							
Glycine Gly(G)	—H	57.05	48	2.35	9.78	–	6.06
Alanine Ala(A)	$—CH_3$	71.09	67	2.35	9.87	–	6.01
Valine Val(V)	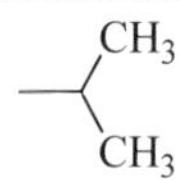	99.14	105	2.29	9.74	–	6.00
Leucine Leu(L)	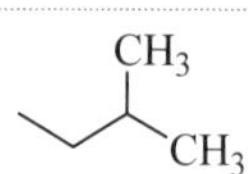	113.16	124	2.33	9.74	–	6.01
Isoleucine Ile(I)	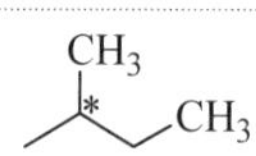	113.16	124	2.32	9.76	–	6.05
Methionine Met(M)	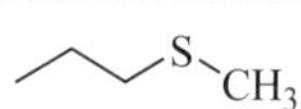	131.19	124	2.13	9.28	–	5.74
Proline Pro(P)	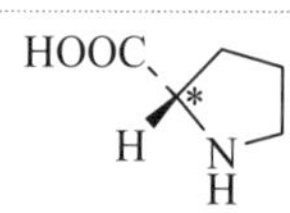	97.12	90	1.95	10.64	–	6.30
Phenylalanine Phe(F)	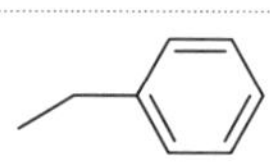	147.18	135	2.20	9.31	–	5.49
Tryptophan Trp(W)	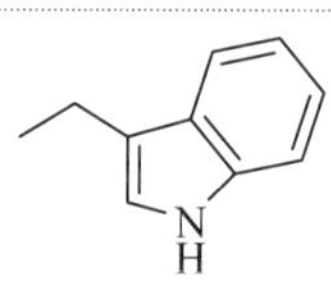	186.21	163	2.46	9.41	–	5.89
R : Neutral polar							
Serine Ser(S)	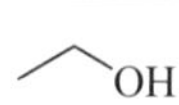	87.08	73	2.19	9.21	–	5.68
Threonine Thr(T)	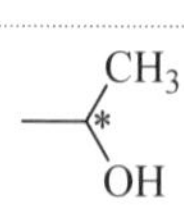	101.11	93	2.09	9.10	–	5.60
Asparagine Asn(N)	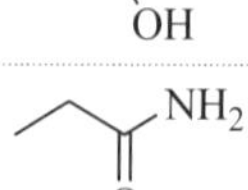	114.11	96	2.14	8.72	–	5.41
Glutamine Gln(Q)	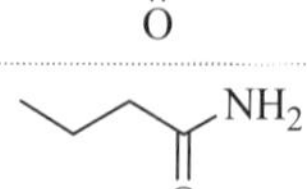	128.14	114	2.17	9.13	–	5.65

Tyrosine Tyr(Y)	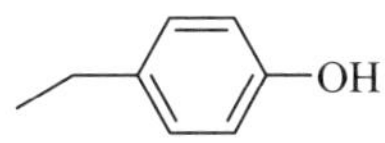	163.18	141	2.20	9.21	10.46	5.71
Cysteine Cys(C)	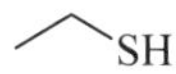	103.15	86	1.92	10.07	8.37	5.15
R : Charged polar							
Lysine Lys(K)	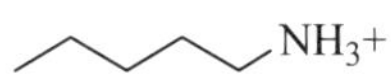	128.17	135	2.16	9.06	10.54	9.80
Arginine Arg(R)	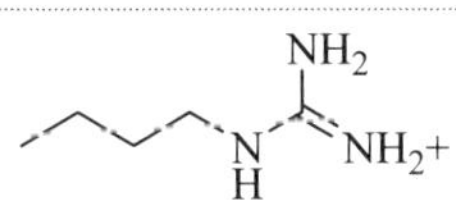	156.19	148	1.82	8.99	12.48	10.74
Histidine His(H)	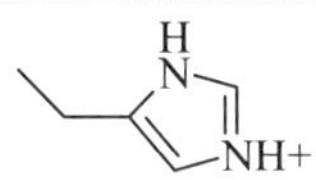	137.14	118	1.80	9.33	6.04	7.69
Aspartic acid Asp(D)	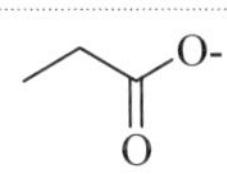	115.09	91	1.99	9.90	3.90	2.95
Glutamic acid Glu(E)	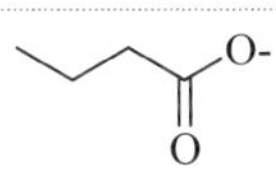	129.12	109	2.10	9.47	4.07	3.09

질량 ; 축합용 H_2O를 제외한 단백질내의 질량(daltons)
부피 ; van der Waals volume in A^3 ; van der Waals 반경으로 형성된 부피[32].

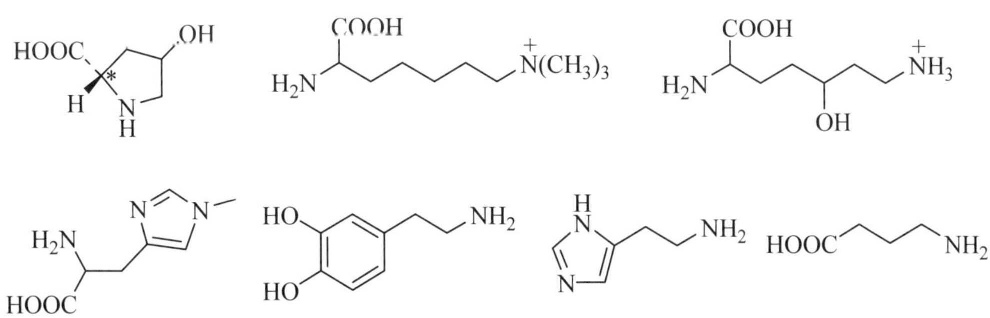

그림 3-1 | 몇 가지 특별한 아미노산 – 4-Hydrpxyproline, ε -N,N,N-Trimethyllysine, 5-Hydroxylysine, 3-Methylhistidine 등은 어떤 단백질내에서 발견되는 변형된 아미노산이며 Dopamine, Histamine, γ -Aminobutyric acid(GABA) 등은 필수아미노산으로부터 생물학적으로 합성된 특별한 아미노산들로서 생체내에 중요한 기능을 담당하고 있는 것이다.

이러한 아미노산과 단백질 등의 생체물질을 모델링하기 위해서 시중의 프로그램 및 힘장에는 위 20가지의 필수아미노산의 구조와 성질이 내장되어 있다. 그 힘장에는 각각 고유한 물성을 지정해 놓고 있으며 모델링의 목적에 따라 적합한 것을 선택하거나 필요에 따라서는 일부 기본적 내장데이터를 수정하여야 할 경우도 생긴다. 이를테면, 염기성이나 산성아미노산의 경우 곁가지의 이온화 상태는 매질의 pH값에 따라 달라질 수 있다. 실제 실험을 모방할 경우 사용된 액성을 함께 고려하여야 정확한 모의실험을 할 수 있을 것이며, 필요에 따라서는 변형된 아미노산을 직접 작성하여야 할 경우도 있는데 그러한 경우에도 원자의 부분 전하라든지 기본 구조적 정보를 기존의 다른 표준아미노산 잔기와 균형이 맞도록 작성해야 할 것이다.

3.2 폴리펩타이드와 단백질의 정규형태구조

단백질은 아미노산($H_2N-CHR-COOH$)이 두 개 이상의 단위가 축합반응(-COOH + H_2N- → -CONH- + H_2O)을 통하여 폴리펩타이드(polypeptide)를 형성하므로서 생성되는 생체고분자이다. 따라서 단백질사슬(protein chain)의 기본단위는 $-N_iH-C_i^{\alpha}HR-C_iO-$로서 i는 아민말단(amino end)에서 시작하는 잔기번호를 말하며 일반적으로 평면구조인 펩타이드의 기하학적 데이터는 그림 3-2 a에 수록하였다.

펩타이드의 평면구조는 C=O와 C-N:의 공명구조(그림 3-2 b)에서 기인하는데 그것은 일반적 C^{α}-N 길이가 1.45A인데 반하여 펩타이드 내의 평균 C-N길이는 1.33A로서 루이스 구조의 단일결합이라기보다 약 40%정도의 이중결합성을 가지고 있다고 볼 수 있으며 이 펩타이드결합의 회전성이 제한되어 있음도 같은 원인에서 기인하는 것이다. 이 공명구조에 따르면 펩타이드기에서의 전자의 분배가 일반 카르보닐기와 아민기의 그것보다 더 극성으로 치우칠 것이 예상되며 이 사실은 여러 가지의 힘장에서 펩타이드 원자들의 부분전하를 일반 카르보닐과 아민기의 전하보다 더 극성으로 설정함으로서 모의실험에 반영하고 있다.

또한 C-N 결합에 배치된 C_i^{α}와 C_{i+1}^{α}는 trans와 cis가 가능하지만 C_i^{α}와 C_{i+1}^{α}의 공간적 반발에 의하여 약 0.1%정도만 cis형으로 존재한다고 알려져 있다. 다만 프롤린

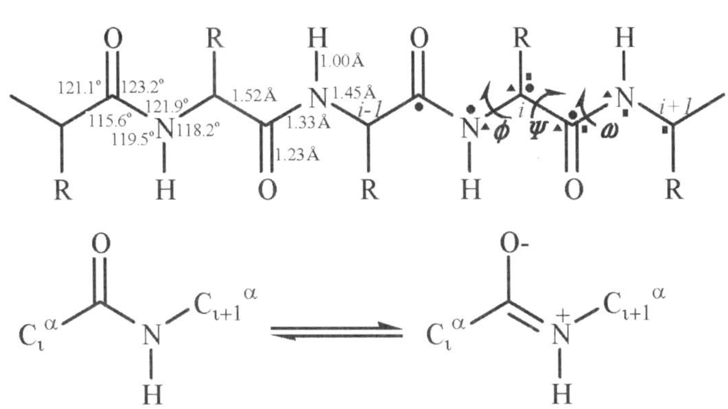

그림 3-2 | 폴리펩타이드의 구조적 데이터[33]와 펩타이드 결합의 공명구조.

의 경우 곁가지가 환을 이루고 있어서 C_i^α 와 C_i^δ 가 비슷한 반발력을 가지므로 trans와 cis의 비율이 약 3:1로 존재한다고 한다.

이와 같은 아미노산과 펩타이드의 기본 배치와 기하학적 구조요소(configuration)는 분자가 크지 않을 때에는 그 형태구조(conformation)을 논하는 것이 그다지 복잡하지 않지만 펩타이드 사슬이 길어지면 구조의 자유도 수가 기하급수적으로 커지면서 형태구조를 논하는 것이 점점 복잡해 진다. 이를테면 n개의 아미노산으로 구성된 폴리펩타이드의 경우 펩타이드의 개수는 (n−1)개이며 이웃하는 펩타이드와의 관계변수의 수는 (n−2)가 되는 것이다. 각 펩타이드간의 관계변수의 자유도가 아주 단순히 2개씩이라고 한다면 − 이를테면 이웃펩타이드와의 각도가 수직(90도) 혹은 평면(180도)일 경우 − 곁가지는 고정되어 있을 때 가능한 형태구조는 $2^{(n-2)}$개이며 n=12인 폴리펩타이드의 형태구조의 수는 $2^{(12-2)}$=1024개가 되는 것인데 실제에 있어서는 이보다 훨씬 많은 수의 형태구조가 가능한 것이다.

아미노산의 조합순서를 말하는 용어로서 아미노산 서열(amino acid sequence; configuration)을 1차 구조(primary structure)라 하고 펩타이드결합 간의 형태구조(conformation)를 2차 구조(secondary structure)라고 한다. 이 2차구조를 정량적으로 다루기 위해서는 두 펩타이드 평면간의 각도를 정의할 필요가 있다. 폴리펩타이드의 기본골격 $-N_iH-C_i^\alpha HR-C_iO-$를 기준으로 회전이 자유로운 결합은 $N_i-C_i^\alpha$와 $C_i^\alpha-C_i$이므로 이 결합을 중심으로 하는 이면각 $C_{i-1}-N_i-C_i^\alpha-C_i$를 ϕ_i(파이:phi)로, $N_i-C_i^\alpha-C_i-N_{i+1}$을 ψ_i(프사이:psi)로 정의하여 단백질의 2차 구조를 표시한다. 또한 펩타이드 결합자체도 $C_i^\alpha-C_i-N_{i+1}-C_{i+1}^\alpha$를 ω_i(오메가:omega)로 정의하므로서 구조를 정량적으로 표시한다(그림 3-2 : ϕ_i;● ψ_i;▲ ω_i;■). 폴리펩타이드가 평면으로 완전히 펼쳐진 상태를 이 이면각 파라미터로 표시한다면 $\phi_i=\psi_i=\omega_i=180°$ 가 될 것이며 앞서 언급한 것처럼 펩타이드 결합은 대부분 평면의 범위에 들어가지만 $\Delta\omega$ =−20~+10 정도로 소폭 변화하는 구조가 일반적이다.

ω 에 비하여 ϕ 와 ψ 는 C^α 주위의 근거리 구조의 입체적 제한을 받아 일정한 범위의

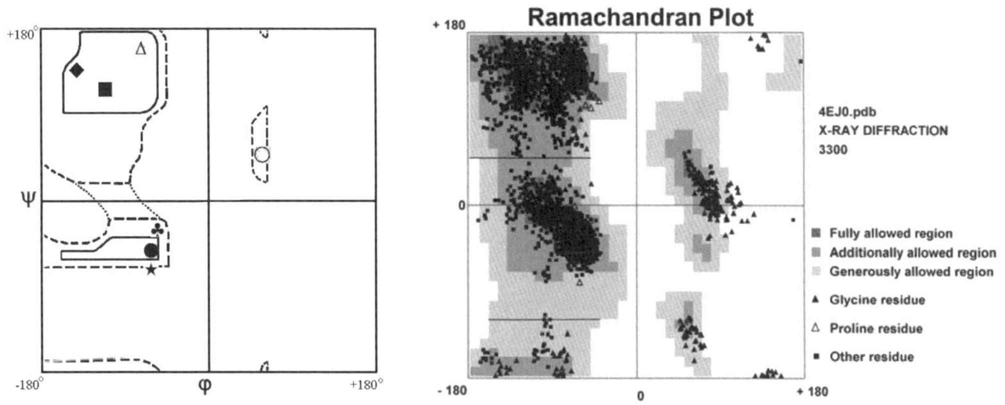

a b

그림 3-3 | 폴리펩타이드의 형태구조를 ϕ와 ψ 값의 대하여 도해한 라마찬드란 도해 – a) 실선(—)범위 안에는 딱딱한 알라닌 구형모델로 계산한 형태구조, 긴 점선(—)안에는 작은 원자지름으로 계산한 구조, 그리고 점선(...)안에는 유연성있는 구형으로 계산한 형태구조공간의 범위이며, 정규형태구조 중 ■는 평행베타판, ◆는 역평행베타판, ●는 오른손회전 알파나선형, ♣는 3_{10}나선형, 그리고 ★는 π 나선형, Δ는 폴리프롤린 그리고○는 왼손회전 알파나선형을 나타낸다. b) 이 그림은 K.S. Kim[35] 등의 효소단백질 4EJO.PDB을 분석한 것으로 3300개의 아미노산이 결합된 펩타이드의 형태구조 분포를 재현한 것이며 이 라마찬드란 그림은 K. Gopalakrishnan[36] 등이 웹기반시비 [Ramachandran plot 2.0] (http://dicsoft1.physics.iisc.ernet.in/rp/index.html)을 이용하여 생성된 것이다.

값만이 가능하다. 라마찬드란은 곁가지가 메틸기인 알라닌을 딱딱한 공모델로 설정하고 공간적으로 허용되는 ϕ와 ψ 값의 범위를 계산하여 그래프로 도식하였으며[34] (그림 3-3 a) 이를 라마찬드란 도해(Ramachandran plot)라고 한다. 이 그림 a에서 2사분면과 3사분면의 진한 실선 안쪽부분은 공모델로서 가능한 형태구조를 이루는 ϕ와 ψ 의 조합의 영역이고 긴 점선 내부는 공의 지름을 작게 설정했을 때 허용된 구조를 나타낸다. 짧은 점선안은 공에 유연성을 허용할 때 가능한 구조공간을 나타낸다. 실제 단백질에서는 원자가 딱딱한 구형이 아니고 또한 곁가지가 일정치 않으므로 이것과는 다른 분포를 보여서 실제 단백질내에서는 그림 3-3의 b와 같은 분포를 보이며 밀집된 형태구조에서 벗어난 그룹은 이른바 통계적 무형태 구조(random coil)로 분류되기도 한다. 특히 4사분면(0° <ϕ<180° , −180° <ψ <0°)영역은 글라이신을

제외한 모든 L-아미노산의 구조적 특성으로 인하여 얻을 수 없는 형태구조임을 알 수 있다. 또한 알파나선형은 왼손 나선형(left-handed)과 오른손(right-handed) 나선형이 있을 수 있지만 실제 발현빈도(그림 3-3 b)에서 오른손나선형이 대부분임을 알 수 있다.

아미노산이 자연계에서 통계적으로 합성된다면 열역학적으로는 무형태구조가 더 선호될 것으로 예상된다. 왜냐하면 엔트로피적으로는 무형태 구조가 낮은 자유에너지를 가지게 되고 수소결합이나 반데르바알스 상호작용은 우연적인 수준에 불과하여 안정도에 큰 영향을 주지 못할 것이며 반면에 용매나 주변환경과의 상호작용이 더 큰 친화력을 가질 것으로 예상되기 때문이다. 그러나 라마찬드란 도해가 통계적으로 보여주는 것은 대부분의 아미노산들이 어떤 특정한 형태공간에 밀집되어 있다는 것이다. 구체적으로 ϕ와 ψ 값에 따른 형태구조를 분류해 보면 라마찬드란 도해의 2사분면의 베타판(beta sheet)과 3사분면의 알파나선(alpha helix)로 크게 나눌 수 있다. 이렇게 어떤 특정한 이면각들의 조합으로 규정지을 수 있는 구조를 정규형태구조(regular conformation)라 하며 도표 3-1에는 이들에 대한 정확한 ϕ와 ψ 값과 세밀한 분류, 그리고 구조적 특성이 요약되어 있으며 이들을 자연계 단백질의 2차구조(secondary structure)라 한다.

표 3-2 | 정규형태구조의 기하학적 데이터[34]

정규형태구조	ϕ	ψ		잔기주기	잔기길이(Å)	단위길이(Å)
역평행베타판 Antiparallel β -sheet	−139	+135	−178	2.0	3.4	6.8
평행베타판 Parallel β -sheet	−119	+113	180	2.0	3.2	6.4
오른손회전 알파나선형 Right-handed α -helix	−57	−47	180	3.6	1.5	5.4
3_{10}-나선형 3_{10}-helix	−49	−26	180	3.0	2.0	6.0
파이나선형 π -helix	−57	−70	180	4.4	1.15	5.06

폴리프롤린 I Polyproline I	−83	+158	0	3.3	1.9	6.27
폴리프롤린 II Polyproline II	−78	+149	180	3.0	3.12	9.36
폴리글라이신 II Polyglicine II	−80	+150	180	3.0	3.1	9.3

잔기주기는 펩타이드의 축방향으로 동일한 배향의 잔기가 다시 반복되는 잔기의 수를 말하며 잔기길이는 하나의 잔기가 축방향의 길이에 더해지는 길이를 나타낸다. 따라서 '잔기주기*잔기길이' 는 한 단위구조의 축방향길이 즉, 단위길이에 해당한다. 평행베타판은 6.4Å마다, 그리고 알파나선형은 5.4Å마다 반복되는 구조이다.

3.2.1 알파나선형(Alpha helix)

오른손 회전 알파나선형은 정규형태구조 중 가장 쉽게 인지되는 구조로서 잔기 3.6개가 한 주기를 이루며 나선형 축상으로 5.4Å 진행하며 반복되는 구조이다. 형태구조의 고유각도 ϕ와 ψ 는 거의 모든 잔기에 잘 적용가능 하지만 알파나선형은 주로 메티오닌, 알라닌, 류신, 글루타민산, 글루타민, 그리고 라이신등이 특히 나선형에 잘 적응하는 것으로 알려져 있다. 특히 알파나선형은 골격(backbone) 쌓기에 효율적이며 이는 반데르바알스 상호작용에 잘 기여할 수 있는 특성 때문으로 분석된다.

알파나선형에서 펩타이드의 카르보닐 산소는 수소결합의 수소받개(acceptor)역할을 하며 i+4 위치의 펩타이드 N−H와 수소결합을 이룬다. 실제로 실험에서 관찰된 여러 가지 접힘구조(folded structure)에서는 위의 도표에서 모델로 계산한 이면각하고는 약간 다른 값을 나타내며 ϕ=−62° 와 ψ =−41° 의 값이 관찰된다. 이 사실은 또한 수소결합 C=O...H−N의 산소가 나선형 축에서 약간 바깥쪽으로 기운 형태를 보이는 것과 같은 맥락에서 해석될 수 있다. 즉, 그런 구조를 가짐으로서 내부적 수소결합뿐 아니라 용매나 다른 그룹과도 수소결합을 병행하여 나눌 수 있음을 보여주는 것이다(그림 3-4 a). 펩타이드결합 단위는 또한 나선형축의 한쪽 방향으로 나열되어 있어서 펩타이드 결합의 쌍극자모멘트(dipole moment)는 나선형의 길이에 따라

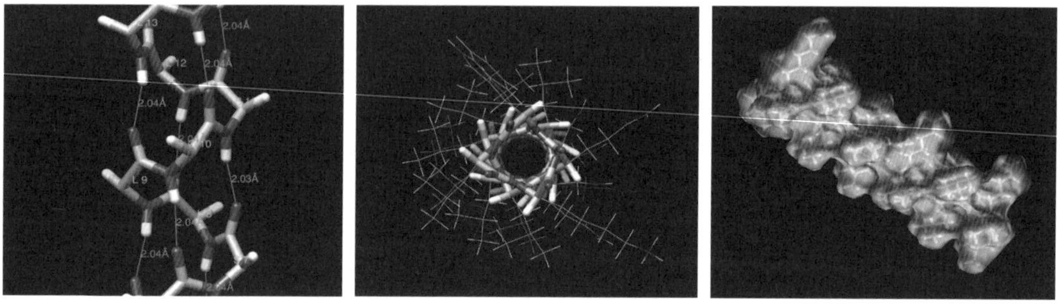

a b c

그림 3-4 | 오른손회전 알파나선형으로 LLQS-LLSL-LQSL-LSLL-LQWL-K 의 아미노산서열[37]을 이용하여 정규형태구조로 재현하였다. 수소결합 i+4 (파란선)중 축의 바깥쪽으로 기울어진 카르보닐기를 확인할 수 있으며(a) 극성(Ser과 Gln)과 비극성(Leu) 잔기가 번갈아 결합되어 나선형 축의 아래왼쪽에는 소수성 잔기(베이지색의 알킬그룹)가, 오른쪽 윗부분에는 극성 잔기(파란 N원자단 빨간 O원자단)가 배치된 모습(b, c).

누적되어 증가하는 것으로 측정된다.

단백질의 모든 아미노산은 입체구조상 S-형(L-아미노산)이기 때문에 나선형의 곁가지는 나선형 축의 바깥쪽에서 약간 아래쪽 - 아미노 말단쪽 - 방향으로 기울어져 있다. 또한 많은 수의 알파나선형의 표면은 양극성(amphipathic)을 띄우고 있다[37]. 즉, 나선형 실린더의 한쪽 면은 극성잔기(polar side chain)가 몰려 있고 다른 쪽은 비극성잔기(nonpolar side chain)가 집중 배치되어 있어서 나선형이 국소적으로 서로 다른 성질을 띄우게 되는 것이다. 그림 3-4 b에 이러한 배치의 예를 보여주며 c는 나선형 표면의 극성을 색깔로 표현하였다. 이러한 극성의 배열은 2차 구조 자체의 특성에 어떤 역할을 하기 보다는 주변의 다른 나선형과 같은 형태구조들과의 상호작용 형성에 중요한 작용을 할 것으로 예상할 수 있으며, 이는 단백질의 3차 구조(tertiary structure) 또는 4차 구조(quaternary structure)의 형성에 중요한 역할을 할 것이다.

왼손 알파나선형의 골격구조는 오른손 나선형과 정확히 같지만 부호만 바뀐 ϕ와 ψ 값을 가진다. 그러나 곁가지가 오른손 나선형에서는 나선형 축에서 거의 수직 또는 아미노 말단쪽으로 약간(80~90°) 기울어져 배치되는데 비하여 왼손 나선형에서는 축과의 각도가 약 60° 정도로 펩타이드 골격에 가까이 배치되어 있어 안정도가 떨어지며 실제로 발생빈도가 아주 낮다.

3.2.2 베타판(Beta sheet)

알파나선형과 아울러 가장 빈번하게 관찰되는 정규형태구조는 베타판 구조이다. 아미노산이 가장 긴 형태의 펩타이드를 형성할 경우 아미노산 한 잔기의 길이는 3.67Å이며 ϕ, ψ , ω 모두 180° 를 이룬다. 실제에 있어서는 −180° 〈ϕ〈−120° , 140° 〈ψ 〈180° 및 ω =180° 의 값을 가지는 베타가닥(beta strand, 표 3-1)이 보다 큰 정규형태를 형성하는 기본단위를 구성하며, 잔기 길이 3.4Å 또는 3.2Å로 잔기주기 2.0을 가지는 특수한 형태의 알파나선형으로 볼 수도 있다.

이 베타가닥은 주변과의 안정화 요인이 부족하여 자체만으로는 알파나선형에 비하여 안정하지 못하다. 그러나 유사한 형태의 베타가닥 2개 단위 이상이 수소결합을 통하여 보다 안정한 구조의 복합 형태구조를 만드는데 이를 베타판(beta sheet)라 하며 두 가지 형대가 존재한다(그림 3-5). 베타가닥 옆으로 같은 방향으로, 즉, 두 개의 아미노 말단이 같은 방향에서 시작되면서 평행을 이루어 형성되는 구조를 평행베타판(parallel beta sheet; 그림 3-5 a)이라 하며 아미노 말단과 카르복시 말단이 엇갈려서 시작되며 형성되는 것을 역평행베타판(antiparallel beta sheet; 그림 3-5 b)이라고 한다.

이 두 구조에서 모든 카르보닐의 산소와 펩타이드의 N-H는 수소결합에 참여하고 있으나 그 형태에는 차이가 있다. 평행베타판은 같은 가닥 내의 받개와 수소간의 결합수가 6-4-6-4로 반복되며 상대편 가닥은 4-6-4-6으로 연결되고, 역편행판에서는 6-4-6-4 가닥이 상대편 가닥과 같은 6-4-6-4로 맞물려 있다. 평행베타판(그림 3-5 a)의 수소결합은 판의 긴 축에 비스듬히(약 70°)배열된 반면 역평행판(그림 3-5 b)에서는 C=O...H-N의 수소결합축이 판의 축에 수직으로 나열되어 있기에

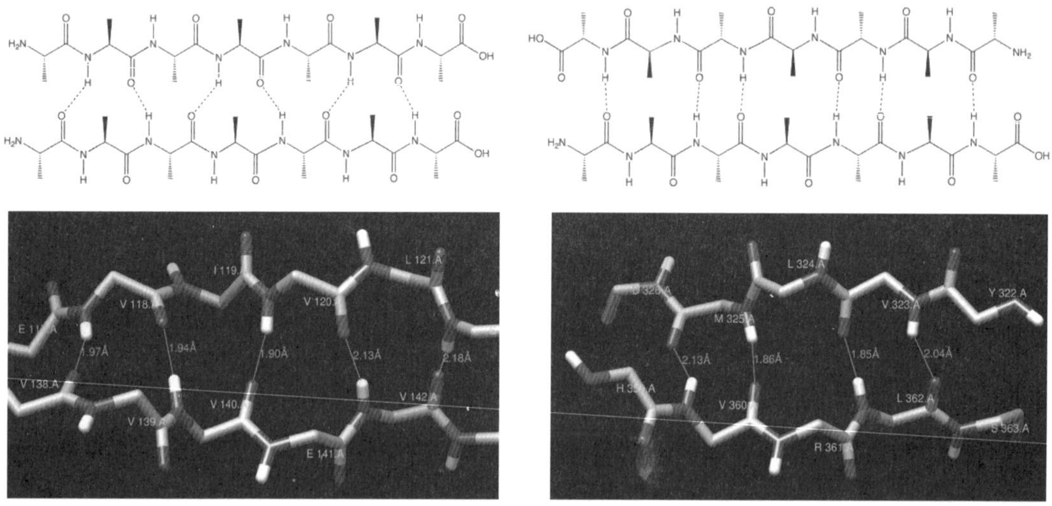

a b

그림 3-5 | 정규베타판 한쌍의 펩타이드 골격구조의 상대적 배열 : 평행베타판(a)은 같은 아미노 말단에서 시작하여 6-4/4-6결합의 수소결합을 이루지만 역평행베타판(b)은 아미노 말단과 카르복실 말단이 엇갈려 진행하므로서 4-4/6-6결합의 수소결합을 이루고 있다. 모델서열은 T. Nakai 등의 1BKG.PDB[38] 단백질 중의 펩타이드 일부를 취했으며 곁가지는 그림에서 생략하였고 수소결합은 H...O 길이와 같이 파란색 실선으로 표시하였다.

O...H-N 각도가 거의 180° 를 이루며 최적의 수소결합을 이루고 있다. 이러한 이유로 역평행베타판이 평행베타판에 비하여 약간 안정한 것으로 알려져 있으며 발생빈도도 훨씬 높은 것으로 관찰된다.

같은 베타가닥내의 이웃하는 잔기의 곁가지는 서로 반대편을 향하고 있어서 공간적으로 양향을 미치지 않으나 자체 골격과 이웃하는 베타가닥의 곁가지와는 서로 영향을 미치는 것으로 분석된다. 고전적 모델의 베타판은 완전한 평면구조로 계산되었지만 실제 자연계의 단백질에서는 오른쪽 비틀림이 관찰되며 결과적으로 표 3-1에서 제시된 ϕ와 ψ 값보다 +쪽으로 기울어진 값이 통계적으로 관찰된다. 이것은 아마도 골격구조와 곁가지 간에 내재하는 어떤 상호작용에 의한 것으로 추측되며 따라서 곁가지의 종류에 의존할 수밖에 없는 특성이다. 베타판을 선호하는 잔기로는 트레오닌, 이소류신, 발린, 페닐알라닌, 타이로신 등이 있다.

3.2.3 기타 정규형태구조

알파나선형과 베타판이외의 정규형태구조로서 라마찬드란 도식에 있는 3_{10}나선형은 오른손 나선형과 달리 보다 조밀하게 채워져 있어서 i+3단위의 잔기와 수소결합을 형성하며 π 나선형은 보다 느슨하게 채워지므로서 i+5단위의 수소결합을 이룬다. 3_{10}나선형은 보통 알파나선형의 말단부분에서 간혹 발견되며 π 나선형은 자연계 단백질에서는 발견된 적이 없는 모델상의 형태구조이다.

그 밖에 프롤린은 곁가지가 질소원자와 결합하여 환을 이룬 특별한 형태여서 펩타이드자체가 트랜스와 시스 배열구조를 가질 수 있다. 프롤린잔기로만 구성된 폴리펩타이드 중 시스형은 폴리프롤린 I형, 트랜스형은 폴리프롤린 II형으로 구분되며 자유로운 형태구조가 가능한 글라이신은 폴리글라이신 I형과 II형을 모두 보이는 특수한 경우이다. 폴리프롤린의 형성은 용매의 특성에 따라 달라지며 I형은 프로판올과 부탄올에서, II형은 물, 아세트산, 벤질알코올 등에서 형성되는 것으로 관찰되었다.

특수한 펩타이드중에 언급할 것은 콜라겐(collagen)으로서 글리이신과 프롤린이 각각33%정도를 자지하며 나머지 33% 정도가 기타 아미노산으로 구성되어 있다. 글라이신-프롤린-기타아미노산 또는 글라이신-기타아미노산-하이드록시프롤린으로 구성된 폴리펩타이드 세 가닥이 3중 나선(triple helix)을 형성하여 척추동물의 살과 조직의 성분으로 이용된다.

제4장 분자모델링의 실제

(Practice in Modeling)

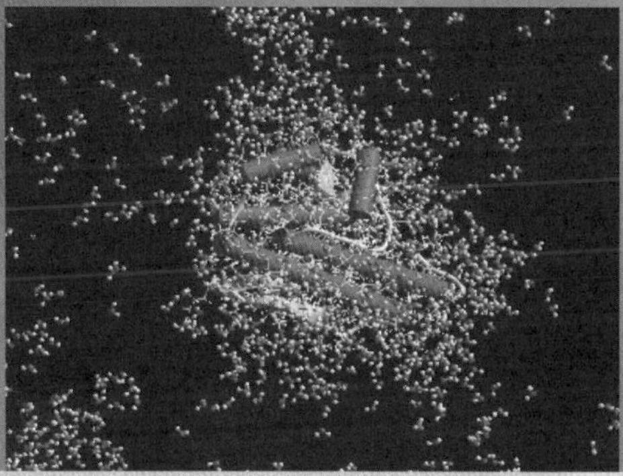

Molecular Modeling
- Basics and applications

You know my methods. Apply them!

– Sherlock Holmes to Watson –

이 단원은 15항 정도의 세부적 주제로 편성되었으며 이는 분자모델링을 한학기의 독립된 과목으로 개설하여 이론과 실습을 병행하며 수강하므로서 수료 후 최소한의 기초적 기술을 배울 수 있도록 편집되었다.

따라서 이 단원에서는 앞 단원의 기본지식을 바탕으로 실제 모델링을 수행 할 경우 접하게 되는 문제를 주제별로 다루었다. 각 주제의 내용과 절차를 순서에 따라 수행하다 보면 해당 기술의 세부적인 문제를 개별지도(tutorial)방식으로 익히게 됨을 알 수 있다. 분자모델링을 처음 접하는 학부 및 대학원생의 2학점 내지 3학점 강의로 개설하면 수강생의 수행능력에 따라 수행작업의 난이도를 조절하므로서 수강생의 지식 수요에 맞추어 최대한의 교육효과를 얻을 수 있을 것으로 판단된다.

독자는 이 분자모델링의 학습을 위하여 하나 이상의 molecular viewer 와 분자역학에 바탕을 둔 분자모델링 프로그램을 준비해 놓는 것이 필요할 것으로 사료된다.

4.1 분자정보의 기록과 저장 – ASCII 파일과 파일형식

모델링의 대상과 목적이 되는 분자계는 원자들의 결합체이며 이들의 정체에 대하여 가능한 한 모든 정보를 포함하고 있는 실체를 만들어야 한다. 이 실체를 분자파일로 정의하며 이 파일에는 원자 간의 구조적 관계와 성질을 부여하여 기록하고 저장하여야 한다. 이 파일은 가능하면 많은 모델링연구자 또는 프로그램간의 일관성 있는 과학적 소통을 가능케 하기 위하여 전산 환경에 의존하지 않는 아스키(ASCII) 형식의 텍스트파일로 작성되는 것이 일반적이다.

분자계에 관련된 정보는 그 특성상 일반적인 항목과 개별적 항목으로 나눌 수 있다. 즉, 원자의 질량, 원자반경과 같은 고유치는 분자계가 어떤 구성이라 하더라도 공통변수로 볼 수 있고 결합길이나 각도 등도 결합의 특성과 종류를 몇 가지 형태로 분류하면 공통인자로 취급할 수 있다.

이러한 공통인자들은 사용하는 알고리즘 또는 프로그램에 내장되어 있어서 실제 분자계의 개별적 변수라고 볼 수 있는 것은 3차원 공간상의 좌표값과 원자간의 결합 상황, 그리고 입체이성질적 특성들이며 이들만으로 최소한의 정보만을 추려서 저장한 것을 분자파일(molecule file)이라 한다. 현재 학계에는 수십가지의 프로그램과 사용된 알고리즘 고유의 분자파일이 정의 되어 있으며 여기 사용빈도가 높은 몇 가지 대표적인 파일 형식의 개요를 간략히 소개하고자 한다.

4.1.1 MDL - Molfiles(*.mol)

초창기의 컴퓨터화학을 주도해온 곳은 MDL(Molecular Design Limited, Inc.)사로서 1978년 미국 California의 Hayward에서 시작되었다. 현재 Elsevier사에서 관리하는 MDL 시스템[39]은 컴퓨터화학과 연관된 많은 파일형태를 지원하고 있으며 그 중 분자파일 molfile은 단일분자계의 정보기록과 전달에 편리한 구조를 보여주며 다섯 가지 영역으로 이루어져 있다. 다음 아세트아마드(그림 4-1)의 molfile에서 그 구조를 표 4-1에서 파악할 수 있으며 각 블록의 내용을 아래에 설명하였다.

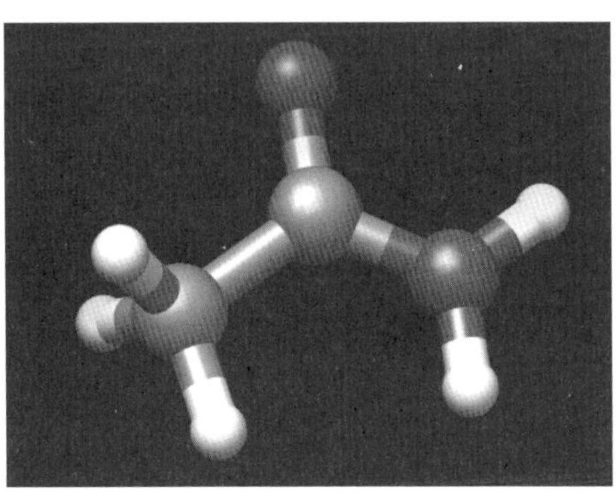

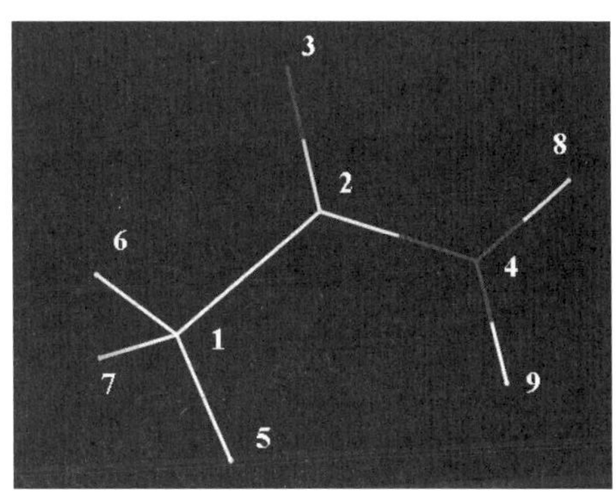

그림 4-1 | 아세트아마이드의 입체구조와 원자표기

표 4-1 | 아세트아마이드의 MDL molfile의 구조

형식과 내용	정보[39]
-Header- 06041317173D	Header
9 8 0 0 0 0 0 0 0 0999 V2000	Counts Line
-0.4595 -1.2378 -0.0000 C 0 0 0 0 0 0 0 0 0 0 0 0 -0.4595 0.2822 -0.0000 C 0 0 0 0 0 0 0 0 0 0 0 0 -1.5161 0.8922 -0.0000 O 0 0 0 0 0 0 0 0 0 0 0 0 0.6836 0.9422 -0.0000 N 0 0 0 0 0 0 0 0 0 0 0 0 0.5681 -1.6011 -0.0000 H 0 0 0 0 0 0 0 0 0 0 0 0 -0.9733 -1.6011 0.8900 H 0 0 0 0 0 0 0 0 0 0 0 0 -0.9734 -1.6011 -0.8900 H 0 0 0 0 0 0 0 0 0 0 0 0 0.6836 1.9522 -0.0000 H 0 0 0 0 0 0 0 0 0 0 0 0 1.5583 0.4372 -0.0000 H 0 0 0 0 0 0 0 0 0 0 0 0	Atom Block
1 2 1 0 0 0 0 1 5 1 0 0 0 0 1 6 1 0 0 0 0 1 7 1 0 0 0 0 2 3 2 0 0 0 0 2 4 1 0 0 0 0 4 8 1 0 0 0 0 4 9 1 0 0 0 0	Bond Block
M END	Properties Block

Header : 3줄의 머리말 : 사용자가 정의할 수 있는 텍스트 삽입이 가능하다.
Line 1 이 줄에는 조절기능에 배당된 $로 시작할 수 없다.
Line 2 MDL의 포트란 형식으로 정의되어 있다.
Counts Line 원자의 개수, 결합의 개수, 비대칭 탄소 및 형식버젼이 기록되어 있다.
Atom Block 원자의 xyz 좌표, 원자기호, 질량편차, 전하, 입체성등이 기록된다.
Bond Block 결합된 두 개의 원자, 결합차수, 입체성, 위상(topology)이 기록된다.
Properties Block 정보의 종료를 표시하며 정보 확장성을 예약해 놓기도 한다.

4.1.2 MOPAC Z Matrix - datafile(*.zmt)

반경험적 양자역학 모델인 MOPAC은 원래 FORTRAN 코드로 작성되어 있으며 그에 적합한 분자정보파일은 단순한 3개의 블럭형태로 구성되어 있다. 표 4-2에 설명된 아세트아마이드의 구조는 그림 4-1의 좌표을 전환한 것이며 원자의 번호순서도 그대로 일치한다.

표 4-2 | 아세트아마이드의 MOPAC Z matrix의 구조

형식과 내용	정보[40]
Name: G:\PARKI-PHARM\acam.mol MOPAC file created on 4/6 17:20:1 2013 by K.L. Park	Header
C 00000.0000 0 00000.0000 0 00000.0000 0 0 0 0 C 00001.5200 1 00000.0000 0 00000.0000 0 1 0 0 O 00001.2200 1 00119.9999 1 00000.0000 0 2 1 0 N 00001.3199 1 00120.0000 1 00179.9999 1 2 1 3 H 00001.0899 1 00109.4709 1 00179.9999 1 1 2 3 H 00001.0899 1 00109.4709 1 00299.9994 1 1 2 3 H 00001.0899 1 00109.4714 1 00059.9997 1 1 2 3 H 00001.0099 1 00120.0000 1 00000.0000 1 4 2 3 H 00001.0099 1 00119.9999 1 00179.9999 1 4 2 3	Z-matrix Coordinates and Connectivities
0	End
1 2 3 4 5 6 7 8 9 10	항목 순서 번호

Header : 3줄의 머리말 : 사용자가 정의할 수 있는 텍스트 삽입이 가능하다.
  Line 3 파일 생성 과정과 제조도구가 기록된다.
Z-matrix : 원자의 좌표계와 결합상태를 내부좌표 형식으로 기록한다.
  원자1(C) ; xyz 좌표계의 원점(0, 0, 0)의 값을 할당한다.
  원자2(C) ; 좌표계에 원자1과의 결합길이(2-1)를 기록한다(1.5200).
  원자3(O) ; 원자1 또는 원자2와 결합길이(3-2)를 기록한다(1.2200). 아울러 결합각(3-2-1)을 기록한다(119.9999)
  원자4(N) ; 앞서 정의된 원자(C)와의 길이(4-2);1.3199, 각도(4-2-3);120.0, 이면각(4-2-1-3);179.9999)을 기록한다.
  원자5(H) ; 원자(C)와의 길이(5-1);1.0899, 각도(5-1-2); 109.4709, 이면각(5-1-2-3);179.9999)을 기록한다.
  원자6(H) ; etc...
End : 정보의 종료를 표시한다.

항목 순서별 숫자의 기능
  1 : 원자기호 또는 번호(i)
  2 : 2원자 간 결합길이(A)
  4 : 3원자 간 결합각(o)
  6 : 4원자 간 이면각(o) ; improper dihedral, dihedral 모두 포함
  3,5,7 : 앞서 정의된 길이 및 각도를 고정(0),또는 가변성을 허용(1)하는 경우
  1,8,9,10 = i,j,k,l : 길이와 각도를 정의하기 위한 원자 위치번호
  8 : 결합되어 있는 원자의 위치번호(9,10=0 인 경우)
  8,9 : 각도을 이루는 다른 원자의 위치번호(10=0 인 경우)
  8,9,10 : 이면각을 이루는 다른 원자의 위치번호

4.1.3 Hyperchem - input file(*.hin)

분자모델링 프로그램중 Hypercube 사의 Hyperchem은 계산화학적 내용이 광범위하게 포함되었을 뿐 아니라 분자정보의 취급과 변환이 비교적 다양하게 제공되기 때문에 여러 형태의 알고리즘과 프로그램을 시험하고 검토하는데 유용하게 쓰일 수 있는 도구이다. Hyperchem 고유의 파일형식을 여기 소개하되 사용자가 유의해야 할 키워드를 중심으로 설명하였으며 프로그램이 자동적으로 설정하거나 마우스의 동작으로 확인 가능한 것은 구체적 언급을 생략하였다.

표 4-3 | 아세트아마이드의 Hyperchem input file의 구조

형식과 내용	정보[41]
forcefield mm+ sys 0 0 1 view 40 0.313 55 15 1 0 0 0 1 0 0 0 1 0.474 0.068 0.090 39 seed -1111	Header
mol 1	Model number
atom 1 - C C4 - 0 -0.4595258 -1.2377960 -0.0000002 4 2 s 5 s 6 s 7 s atom 2 - C CO - 0 -0.4595258 0.2822044 -0.0000002 3 1 s 3 d 4 s atom 3 - O O1 - 0 -1.5160770 0.8922044 -0.0000002 1 2 d atom 4 - N N2 - 0 0.6836277 0.9422044 -0.0000002 3 2 s 8 s 9 s atom 5 - H H - 0 0.5681374 -1.6011250 -0.0000002 1 1 s atom 6 - H H - 0 -0.9733491 -1.6011250 0.8899872 1 1 s atom 7 - H H - 0 -0.9733603 -1.6011330 -0.8899778 1 1 s atom 8 - H HV - 0 0.6836277 1.9522040 -0.0000002 1 4 s atom 9 - H HV - 0 1.5583130 0.4372044 -0.0000002 1 4 s	Atomic bonding specification
endmol 1	Model number
1 2 3 4 5 6 7 8 9 10 11 [12 13]	항목 순서 번호

Header

forcefield : mm+, amber, bio+ opls 중 선택할 수 있다.

sys : 온도, 총전하, 스핀다중도가 기록된다.

view : 화면상 시각적 확인기능을 위한 좌표값들을 기록한다.

Model number

mol #
endmol # : 여러 개의 분자를 번호로 구분하여 한 파일에 기록할 수 있다.
res #
endres # : 단백질 내의 아미노산 잔기를 번호로 구분하여 한 파일에 기록할 수 있다.

Atomic bonding specification
atom : 분자 내 원자를 하나씩 항목 순서에 따라 한 줄에 기술한다.
1 ; atom 원자, vel 원자의 속도 : 분자동력학의 시행 후 속도를 기록
2 ; 원자순서번호 : 생성순서에 따라 번호가 매겨진다.
3 ; 원자이름 : 아미노산의 경우 고유의 원자이름 기록, 유기분자는 - 로 기록
4 ; 원소기호 : 주기율표 상의 원소기호
5 ; 원자형태(type) : forcefield 고유의 원자형태 기록
6 ; 구조특성(flag) : 병합원자(united atom), 선택된 원자(selected atoms) 또는 삼면각(imporper dihedral angle)을 기록, 기본 값은 - 로 기록
7 ; 원자의 부분전하 기록 : 힘장에 따라 저장된 값을 불러올 수도 있다.
8, 9, 10 ; 공간 좌표축상의 x, y, z 좌표값
11 ; 원자주변에 결합된 배위 원자수
12 +13 ; 결합된 원자 + 코드(s 단일, d 이중, t 삼중, a 방향족
12 +13 ; 배위 원자수 만큼 연속하여 반복

Comments line for user defined texts
; : 이 기호는 어떤 줄에도 키울 수 있으며 파일에 특별한 코멘트나 메모를 기록하여 분자정보와 같이 기록하며 보관 가능한 기능성 편집선

4.1.4 Protein data bank - pdb file(*.pdb)

단백질데이터은행(Protein Data Bank;PDB)은 실험적으로 측정된 생체고분자들의 3차원구조들을 저장하고 세계의 과학자, 교육자 및 학생들에게 공개하는 기록보관소이며(http://www.rcsb.org/pdb/home/home.do) 현재는 미국의 Rutgers 와 UCSD에 의하여 관리되고 있다(4.7절 참조).

가장 기본적인 파일의 형식을 표 4-4의 아세트아마이드의 구조에서 보면 표 4-1, 2, 3의 것에 비하여 매우 단순화 된 것처럼 보인다. 즉, 가장 적은 수의 성분으로 아세트아마이드의 구조를 표현하는 것이다.

표 4-4 | 아세트아마이드의 PDB file의 구조

형식과 내용								정보[42]
HETATM	1	C		1	0.000	0.000	0.000	Atomic notation and coordinates
HETATM	2	C		2	1.520	0.000	0.000	
HETATM	3	O		3	2.130	1.057	0.000	
HETATM	4	N		4	2.180	-1.143	0.000	
HETATM	5	H		5	-0.363	-1.028	-0.000	
HETATM	6	H		6	-0.363	0.514	0.890	
HETATM	7	H		7	-0.363	0.514	-0.890	
HETATM	8	H		8	3.190	-1.143	0.000	
HETATM	9	H		9	1.675	-2.018	0.000	
CONECT	1	2	5	6	7			Atomic bonds and connectivities
CONECT	2	1	3	4				
CONECT	3	2						
CONECT	4	2	8	9				
CONECT	5	1						
CONECT	6	1						
CONECT	7	1						
CONECT	8	4						
CONECT	9	4						
END								End

그러나 다른 분자파일에는 가장 기본적인 원자 및 분자형식정보에 한정되어 있는 반면, 이 PDB의 데이터는 x선 결정학과 NMR에 의하여 결정된 생체고분자의 원자 좌표를 기본적으로 보여주고 있으며 그 외에도 분자이름, 2차 및 3차 구조정보, 서열정보, 실험 방법, 연구자 및 발표논문의 정보 등을 수용할 수 있도록 많은 키워드들이 정의되어 있다. 이를테면 위에 예를 들은 아세트아마이드가 다른 단백질 분자와 결합되어 결정으로 만들어진 복합체에 대한 결정구조파일은 '2R3D.pdb' [5] 라는 코드명으로 PDB에서 검색하고 내려받을 수 있다. 다음 표 4-5에는 '2R3D.pdb' 의 중요 키워드를 선별적으로 편집하여 수록하므로서 비교하였고 단백질과 아세트아마이드 복합체 중 아세트아마이드 부분은 표 4-5의 하단부분에 밑줄친 굵은 글자체로 표시하였다.

이 PDB파일의 형식은 wwPDB(worldwide Protein Data Bank[42])에 자세히 기록되어 있으며 여기 기본적인 정보를 요약하여 설명하고자 한다. ASCII데이터의 정확한 위치 및 형식은 원전을 참조해야 할 것이다.

표 4-5 | 아세트아마이드의 PDB file의 구조

```
HEADER    HYDROLASE                               29-AUG-07   2R3D
TITLE     RICIN A-CHAIN(RECOMBINANT) COMPLEX WITH ACETAMIDE
COMPND    MOL_ID: 1;
COMPND   2 MOLECULE: RICIN A CHAIN(EC 3.2.2.22);
C.....
SOURCE    MOL_ID: 1;
SOURCE   2 ORGANISM_SCIENTIFIC: RICINUS COMMUNIS;
S.....
KEYWDS    RICIN, RICINUS COMMUNIS, N GLYCOSIDASE, TOXIN, GLYCOPROTEIN,
K.....
EXPDTA    X-RAY DIFFRACTION
AUTHOR    J.H.CARRA,C.A.MCHUGH,S.MULLIGAN,L.M.MACHIESKY,A.S.SOARES,
AUTHOR   2 C.B.MILLARD
JRNL        AUTH   J.H.CARRA,C.A.MCHUGH,S.MULLIGAN,L.M.MACHIESKY,
JRNL        TITL   FRAGMENT-BASED IDENTIFICATION OF DETERMINANTS OF
JRNL        TITL 2 CONFORMATIONAL AND SPECTROSCOPIC CHANGE AT THE
JRNL        REF    BMC STRUCT.BIOL.              V.   7    72 2007
JRNL        REFN                  ESSN 1472-6807
J...
REMARK   1
REMARK   2 RESOLUTION.    2.09 ANGSTROMS.
REMARK   3
REMARK   3 REFINEMENT.
REMARK   3   PROGRAM     : CNS 1.1
REMARK   3   AUTHORS     : BRUNGER,ADAMS,CLORE,DELANO,GROS,GROSSE
REMARK   3              : KUNSTLEVE,JIANG,KUSZEWSKI,NILGES, PANNU,
REMARK   3              : READ,RICE,SIMONSON,WARREN
R.....
REMARK 900 RICIN A-CHAIN(RECOMBINANT) COMPLEX WITH ADENINE
DBREF  2R3D A    1   267  UNP    P02879   RICI_RICCO      36    302
SEQADV 2R3D MET A    0  UNP  P02879              EXPRESSION TAG
SEQRES   1 A  268  MET ILE PHE PRO LYS GLN TYR PRO ILE ILE ASN PHE THR
S.....
SEQRES  21 A  268  ALA PRO PRO PRO SER SER GLN PHE
HET    SO4  A 301       5
HET    SO4  A 302       5
HET    ACM  A 303       4
HETNAM     SO4 SULFATE ION
HETNAM     ACM ACETAMIDE
FORMUL   2  SO4    2(O4 S 2-)
FORMUL   4  ACM    C2 H5 N O
FORMUL   5  HOH   *106(H2 O)
HELIX    1   1 THR A   17  THR A   33  1                                  17
H....
HELIX   12  12 SER A  246  ILE A  249  5                                   4
```

```
SHEET    1   A 6 ILE A   8  THR A  12  0
S....
SHEET    2   C 2 LYS A 239  ASP A 244 -1  O  PHE A 240   N  LEU A 232
SITE     1 AC1  5 PHE A 119  GLY A 120  ASN A 122  ARG A 125
SITE     2 AC1  5 HOH A 378
SITE     1 AC2  5 THR A  17  GLN A  19  HIS A  65  HOH A 354
SITE     2 AC2  5 HOH A 364
SITE     1 AC3  4 TYR A  80  VAL A  81  GLY A 121  HOH A 359
CRYST1   67.110   67.110  141.320  90.00  90.00  90.00 P 41 21 2     8
ORIGX1      1.000000  0.000000  0.000000        0.00000
ORIGX2      0.000000  1.000000  0.000000        0.00000
ORIGX3      0.000000  0.000000  1.000000        0.00000
SCALE1      0.014901  0.000000  0.000000        0.00000
SCALE2      0.000000  0.014901  0.000000        0.00000
SCALE3      0.000000  0.000000  0.007076        0.00000
ATOM      1  N   TYR A   6      11.469  44.265  44.597  1.00 18.84           N
ATOM      2  CA  TYR A   6      11.806  42.982  45.291  1.00 21.98           C
ATOM      3  C   TYR A   6      13.309  42.785  45.296  1.00 17.77           C
ATOM      4  O   TYR A   6      13.977  43.028  44.295  1.00 22.51           O
ATOM      5  CB  TYR A   6      11.161  41.784  44.589  1.00 15.16           C
ATOM      6  CG  TYR A   6       9.669  41.703  44.745  1.00 17.77           C
ATOM      7  CD1 TYR A   6       9.089  41.630  46.017  1.00 11.41           C
ATOM      8  CD2 TYR A   6       8.831  41.684  43.631  1.00 13.67           C
ATOM      9  CE1 TYR A   6       7.720  41.539  46.177  1.00 14.33           C
ATOM     10  CE2 TYR A   6       7.446  41.592  43.783  1.00 16.94           C
ATOM     11  CZ  TYR A   6       6.902  41.521  45.067  1.00 11.58           C
ATOM     12  OH  TYR A   6       5.538  41.440  45.225  1.00 15.04           O
A...............................................................
ATOM   2031  N   PRO A 263       4.683  27.146  73.514  1.00 30.36           N
ATOM   2032  CA  PRO A 263       5.252  27.991  74.568  1.00 30.52           C
ATOM   2033  C   PRO A 263       6.614  27.450  75.007  1.00 37.18           C
ATOM   2034  O   PRO A 263       7.584  28.244  75.082  1.00 35.66           O
ATOM   2035  CB  PRO A 263       4.211  27.899  75.677  1.00 34.82           C
ATOM   2036  CG  PRO A 263       2.934  27.748  74.913  1.00 29.19           C
ATOM   2037  CD  PRO A 263       3.312  26.730  73.862  1.00 35.01           C
TER    2038      PRO A 263
HETATM 2039  S   SO4 A 301       0.483  20.206  37.261  0.98 45.46           S
HETATM 2040  O1  SO4 A 301       1.841  20.277  37.822  0.98 51.51           O
HETATM 2041  O2  SO4 A 301      -0.371  21.177  37.973  0.98 47.64           O
HETATM 2042  O3  SO4 A 301       0.519  20.553  35.830  0.98 50.10           O
HETATM 2043  O4  SO4 A 301      -0.039  18.838  37.447  0.98 45.81           O
H...............................................................
HETATM 2049  C1  ACM A 303       9.336  24.946  42.321  1.00 22.18           C
HETATM 2050  O   ACM A 303      10.337  25.523  42.767  1.00 20.25           O
HETATM 2051  N   ACM A 303       8.542  25.503  41.420  1.00 20.01           N
HETATM 2052  C2  ACM A 303       8.966  23.540  42.796  1.00 22.72           C
```

```
HETATM 2053  O   HOH A 304      28.295  35.010  44.587  1.00  9.34           O
HETATM 2054  O   HOH A 305      32.929  34.821  31.279  1.00 12.82           O
HETATM 2055  O   HOH A 306       7.665  16.231  52.252  1.00 11.41           O
H..............................................................................
HETATM 2157  O   HOH A 408       7.698  21.403  48.776  1.00 27.44           O
HETATM 2158  O   HOH A 409      16.706  16.842  70.695  0.50 14.96           O
CONECT 2039 2040 2041 2042 2043
CONECT 2040 2039
CONECT 2041 2039
CONECT 2042 2039
CONECT 2043 2039
CONECT 2044 2045 2046 2047 2048
CONECT 2045 2044
CONECT 2046 2044
CONECT 2047 2044
CONECT 2048 2044
CONECT 2049 2050 2051 2052
CONECT 2050 2049
CONECT 2051 2049
CONECT 2052 2049
MASTER      298    0    3   12   10    0    5    6 2157    1   14   21
END
```

(1) Title section : 생체분자의 구조결정에 관한 실험적 사실들을 기록

HEADER : 생체분자의 일반명, 분류, PDB 게재일, idCode(2R3D)

TITLE : 실험방법과 내용을 참축적으로 표현한 연구의 주제

COMPND : 분자의 이름, chain, 조각, 효소번호, 생성방법등

SOURCE : 분자의 출처, 원 유기체, 추출 기관, 실험방법

KEYWDS : 연관된 분야의 주요 이론 및 실험적 키워드

EXPDTA : 실험방법(x-선, NMR, ND, EC, EM)

AUTHOR : 관여한 저자이름

JRNL : 논문저자, 제목, 발표저널이름, 권, 페이지, 년도

REMARK 0-5, 100-999 : 실험적, 구조 해석적 주요사항

(2) Primary structure section : 생체분자의 아미노산 잔기에 대한 정보

DBREF : 데이터베이스에 저장된 서열정보

SEQADV : SEQRES에 제시된 서열정보와 데이터베이스에 수록된 정보의 차이

SEQRES : 아미노산의 서열을 chain별로 각 줄에 13개씩의 아미노산을 나열

(3) Heterogen Section : 기재된 구조 내에 비표준잔기에 관한 모든 정보 수록

HET : 단백질이나 핵산등의 생체분자 내 비표준잔기의 서열 및 원자수

HETNAM : HET 단위의 화학적 명칭

FORMUL : HET 단위의 개수, 기호, 분자식

(4) Secondary Structure Section : 단백질 2차구조 나선형과 베타판 정보

HELIX : 1~10 항목의 나선형구조에 관한 정보

1 ; 일련번호

2 ; 나선 고유번호

3 ; 시작 잔기 이름

4 ; 시작 잔기 사슬이름

5 ; 시작 잔기 번호

6 ; 끝 잔기 이름

7 ; 끝 잔기 사슬이름

8 ; 끝 잔기 번호

9 ; 나선형타입(표준, pi, 310, etc, ...)

10 ; 나선형의 길이

SHEET : 1~18 항목의 베타판에 관한 정보

1 ; 일련번호

2 ; 베타판 식별 기호

3 ; 베타판내의 가닥의 개수

4 ; 시작 잔기 이름

5 ; 시작 잔기 사슬이름

6 ; 시작 잔기 번호

7 ; 끝 잔기 이름

8 ; 끝 잔기 사슬이름

9 ; 끝 잔기 번호

10 ; 사슬 배열 기호(0;첫가닥,1;평행가닥,-1;역평행가닥)

11 ; 현 가닥의 수소결합상태(O;수소받개, N;수소주개)

12 ; 현 가닥이 바로 이전가닥과 수소결합한 잔기 이름

13 ; 현 가닥의 사슬이름

14 ; 현 가닥이 바로 이전가닥과 수소결합한 잔기 번호

15 ; 이전 가닥 수소결합상태(O;수소받개, N;수소주개)

16 ; 이전 가닥의 수소결합한 잔기 이름

17 ; 이전 가닥의 사슬이름

18 ; 이전 가닥의 잔기 번호

(5) Connectivity Annotation Section : 부수적 결합정보

SSBOND : Cysteine의 disulfide 결합에 관한 정보

1 ; 결합 일련 번호

2,3,4 ; 잔기 이름, 잔기 사슬이름, 잔기 번호

5,6,7 ; 잔기 이름, 잔기 사슬이름, 잔기 번호

LINK : 비단백질 분자 혹은 아미노산간의 비펩타이드성 결합에 대한 정보

1,2,3,4 ; 결합원자이름, 결합잔기이름, 사슬이름, 잔기 번호

5,6,7,8 ; 결합원자이름, 결합잔기이름, 사슬이름, 잔기 번호

CISPEP : Proline 이나 다른 잔기의 cis peptide에 관한 정보

1 ; 결합 일련 번호

2,3,4 ; 잔기 이름, 잔기 사슬이름, 잔기 번호

5,6,7 ; 잔기 이름, 잔기 사슬이름, 잔기 번호

(6) Miscellaneous Features Section : 기타 화학적 정보

SITE : 특별한 기능들에 관한 정보

1 ; 일련 번호

2,3,4-n ; 잔기 이름, 잔기 사슬이름, 잔기 번호

(7) Crystallographic and Coordinate Transformation Section : 결정학적 정보

CRYST1 : x-ray 결정학적 측정의 단위격자 및 데이터 처리 파라메터

ORIGX1, ORIGX2, ORIGX3, SCALE1, SCALE2, SCALE3 :

MTRIX1, MTRIX2, MTRIX2 :

(8) Coordinate Section : 결정학적 분자 및 원자 좌표부

MODEL n, ENDMDL : 분자의 원자좌표의 시작과 종료

ATOM : 원자의 구체적 기술

1 ; 일련 번호

2,3,4,5 ; 원자 이름, 잔기 이름, 사슬 이름, 잔기 번호

6,7,8 ; xyz 좌표

9 ; 점유율

10 ; 비등방성 인자(열적인자)

TER : 한 사슬의 종료를 표시한다.

HETATM : HETNAM의 비표준 잔기 및 분자의 좌표값(ATOM 과 동일형식)

(9) Connectivity Section : 원자간 결합상태를 기록

CONECT : CONECT i, j, k, l, m

(10) Bookkeeping Section : 분자파일의 종합적 기록

MASTER :

1 ; REMARK이수

2 ; "0"

3,4,5,6,7,8,9,10,11 ; HET,HELIX,SHEET,SITE,ORIGX+SCALE+MTRIX, ATOM+HETATM,TER,CONECT,SEQRES 의 개수

END : 종료

4.1.5 파일의 상호변환

이 외에도 수많은 파일 형식이 다양한 형태로 분자의 구조정보를 제공하고 있으며 대부분 언급한 파일형식과 유사한 종류의 정보를 유사한 방식의 틀에 구현하고 있다. 이들의 파일에 저장된 정보와 사용하는 프로그램이 병행하여 제공하는 구조적 정보는 대부분 상호 호환이 가능하며 어떤 프로그램은 자체적으로 여러 가지 형식을 소화하는 기능을 가지고 있다.

또한 www에는 이러한 파일 형식을 변환시켜주는 프로그램을 제공하기도 하며, 그 중 http://www.webqc.org/molecularformatsconverter.php 사이트에는 40여 종의 파일형식을 상호 교환해 주는 웹기반 변환프로그램을 제공하고 있다.

4.1.6 연습 – Molecular file과 molecular viewer

임의의 관심분야의 약물 한 개 이상의 파일을 구하여 *.hin 과 *.pdb로 변환하여 저장하고 위에서 언급한 파일 구조에 대하여 유심히 관찰해 보는 것이 좋을 것이다.

이러한 분자파일의 실체를 3차원공간에서 확인하기에 적합한 분자투시기(molecular viewer)는 인터넷에서 쉽게 얻을 수 있다. 그 중 몇 가지를 언급하자면, Rasmol, xmol, PyMOL, 또는 Jmol 등은 적어도 과학계나 학계의 사용자들을 위해서는 무료로 제공되는 도구로서 쉽게 내려 받아 사용할 수가 있다. 학습자들은 분자파일들을 확인할 수 있는 가장 빠르고 쉬운 도구이므로 이중 가장 편한 도구의 사용에 익숙해질 필요가 있다.

과제 4-1-1 : Benazepril과 Alprenolol을 모델링프로그램을 이용하여 생성한 후, *.hin, *.mol, 및 *.pdb 형태로 저장하여 차이를 해석한다.

4.2 분자의 편집과 구조 파라미터 – 평면그림과 입체구조

4.2.1 분자의 생성과 입체구조

이제 모델링의 첫 단계로 가상 분자를 영점에서부터 생성해 보기로 한다. 유기 분자의 전형으로 아스피린 분자를 평면구조부터 작성하고 입체구조까지 만들어 본다. 그림 4-2의 아스피린분자(a)는 미국화학회(ACS; American Chemical Society)의 국제저널에 사용되는 화학구조형식에 맞는 규격으로 Chemdraw[43]을 이용하여 그린 평면구조이다.

Chemdraw로 작성한 구조는 일단 인쇄매체를 위한 것이며 ASCII text 파일도 아니므로 입체구조에 대한 어떤 정보도 내재되어 있지 않다. 따라서 이미 만들어진 2차원 구조로부터 입체구조를 얻고자 하면 몇 가지 전제가 필요하다. 그림을 위한 분자 파일과 입체구조를 다루는 프로그램과의 호환성이 필요한데 Chemdraw의 2차구조는 같은 기관에서 개발된 Chem3D의 입체구조와 상호 전환이 가능하지만 이 변환이 완벽하게 가역적일 수는 없다. 그러므로 Chemdraw에서 작성된 2차원 분자(그림 4-2 a)를 일단 파일호환성이 보장된 MDL mol 파일형식으로 저장한 다음(Aspirin.mol)

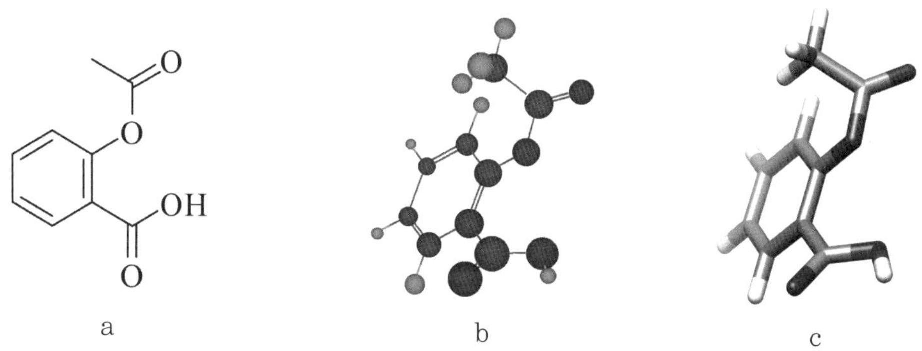

그림 4-2 | 아스피린의 평면구조와 입체구조의 변환 가능성 – a: Chemdraw로 작성한 구조, b: a를 Chem3D로 변환한 구조, 그리고 c: b를 Chimera 프로그램으로 표현한 구조

입체구조를 생성하고 편집할 수 있는 Chem3D로 불러들이면 Chem3D의 내부 변환기는 원자단의 원자가와 근거리 구조를 검토하여 최소폭의 변환을 거쳐 입체구조 b를 생성한다. 이 구조를 다른 파일이름(Aspirin-3D.mol)으로 저장하면 비로소 입체구조적 정보가 분자파일에 기록되는 것이다.

여기서 a와 b를 비교해 보면 b구조에는 a구조에 그려 넣지 않았던 수소원자도 첨가되었음을 알 수 있다. 일반적으로 평면구조를 그리는 프로그램들은 C, N, O 등의 무거운 원자(heavy atom)들의 결합은 구체적으로 명시해야 하지만 수소원자만은 원자가가 1일 수밖에 없으므로 자동첨가 해주는 기능이 내장되어 있는 것이다.

그림의 b와 c는 형태상으로 입체구조를 보여주기는 하지만 이 입체는 근거리 입체구조로서 sp^2형의 3각형, 또는 sp^3형의 사면체구조와 최근접(local) 이웃의 단순한 입체효과만을 고려할 뿐, 기하학적으로 에너지 최소화된 구조(global)는 아니라는 사실을 주지해야 한다. 즉, 이 입체구조가 실제로 존재하는 안정한 구조는 아닐 수 있다는 것이다. 이렇게 최소한의 입체구조가 어느 정도의 입체성을 고려할 수 있는가는 개별적 프로그램의 기능에 의존하는 것으로 일반화하여 언급할 수 있는 것은 아니다.

그러나 이 입체구조마저도 앞의 예에서 보는 것처럼 분자생성과 편집이 항상 2차원에서 시작하여 3차원구조로 항상 전환될 수 있는 것은 아니다. 그것은 분자 크기가 어느 한도 안에 있을 때에 가능한 경우이고 크기가 커지거나 곁가지나 고리구조의 복잡성이 증가하면 평면구조에서부터 입체구조를 자동적으로 얻는 것은 일반적으로는 쉽지 않은 일이며 항상 변환 후 구조의 정확성을 검토하거나 보다 정확한 방법은 처음부터 평면구조에 의존하지 않고 입체구조를 생성하고 편집하는 모델링 도구를 사용하는 것이 올바른 방법이다.

4.2.2 입체구조의 정량적 기술방법

그러면 평면구조와 입체구조를 정량적으로 구별하여 표시하는 방법을 논해 보고자 한다.

구조를 결정짓는 요소는 결합길이(λ), 결합각(θ), 그리고 이면각(φ)가 있으며 이들을 구조 파라미터(structure parameter)라고 한다. 이들은 각각 2원자, 3원자 및 4원자로 정의 되는 파라미터로 표 4-6의 아스피린 그림을 예로 들면 1번 원자와 2번 원자의 결합길이는 $\lambda_{(1-2)}$로, 1,2,3번 원자가 이루는 각도를 $\theta_{(1-2-3)}$, 그리고 1,2,3,4번 원자가 만드는 각도는 $\varphi_{(1-2-3-4)}$로 정의된다. 위의 그림 4-2 b를 만드는 Chem3D 프로그램은 이 분자의 구조를 결정짓는 모든 파라미터를 분석해 주는 기능을 가지고 있어 쉽게 길이와 각도를 읽어낼 수 있으며 몇 가지 중요한 파라미터를 표 4-6에 수록하였다. 이 파라미터 중 결합길이와 각도는 분자의 결합상태와 맞물려 기본적인 성분이지만 입체구조의 가변성에는 크게 영향을 주지 못한다. 그러나 4원자가 연관된 이면각(torsion dihedral angle)중에는 3차원 입체구조의 형성에 결정적 역할을 하는 것들이 있다. 즉, 분자 구조가 변하더라도 길이와 각도의 변화폭은 10%이내에 머물지만 이면각의 경우에는 −180 ~ +180도까지 변할 수 있는 것들이 있다. 표 4-6의 이면각 $\varphi_{(1-2-3-4)}$는 0도에서 거의 변할 수 없지만 $\varphi_{(5-6-7-8)}$, $\varphi_{(6-7-8-9)}$, $\varphi_{(6-5-11-12)}$, $\varphi_{(6-5-11-13)}$, 그리고 $\varphi_{(5-11-13-14)}$는 중앙의 단일결합을 중심으로 자유회전이 가능하므로 이로 이들이 3차원 입체구조를 결정짓는 요소라고 볼 수 있다.

표 4-6 | Chem3D로 변환한 아스피린의 입체구조의 정량적 기술

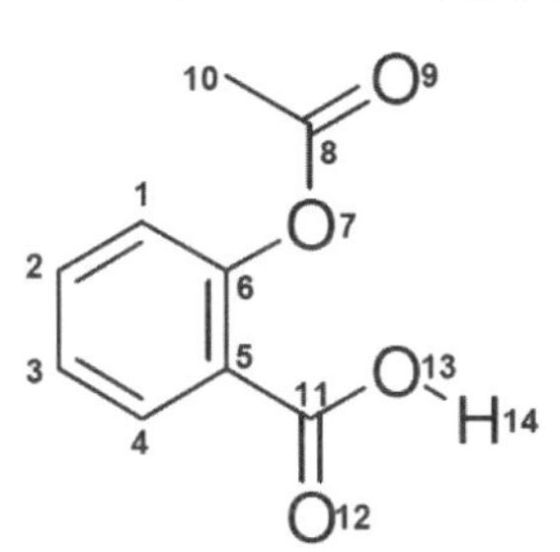

$\lambda_{(i-j)}$(Å)		$\theta_{(i-j-k)}$(°)		$\varphi_{(i-j-k-l)}$(°)	
(1-2)	1.420	(1-2-3)	120.0	(1-2-3-4)	0.0
(5-6)	1.420	…		(4-5-6-1)	0.0
…		(5-6-7)	120.0	(4-5-6-7)	179.5
(6-7)	1.355	(7-8-9)	124.8	(5-6-7-8)	−179.5
(7-8)	1.338	(7-8-10)	109.9	(6-7-8-9)	−120.0
(8-9)	1.208	(5-11-13)	121.2	(6-5-11-12)	140.6
(11-13)	1.338	(5-11-12)	119.9	(6-5-11-13)	−38.8
(13-14)	0.972	(11-13-14)	106.1	(5-11-13-14)	180.0

위의 평면구조의 아스피린에서 Chem3D프로그램이 파일의 전환과정에서 만든 구조는 카르복실기가 벤젠환과 약 -39도 의 각도를 이루고 아세틸기는 120도 정도 기울어진 입체구조임을 보여준다.

4.2.3 연습 – Chemdraw와 Chem3D 구조

과제 4-2-1 : Captopril과 Propranolol 약물분자의 루이스식 평면구조를 Chemdraw를 이용하여 ACS 규격에 따라 그리고 *.mol 파일로 저장한다. 다시 이 *.mol파일을 Chem3D프로그램으로 읽어들여 구조의 변화를 관찰하며 위 표 4-6과 유사하게 기록한다.

과제 4-2-2 : 위의 과정을 통하여 R형과 S형의 구조적 차이를 합리적으로 표현하는 파라미터를 선정하고 대비하여 분석한다.

4.3 분자구조의 생성과 초기 에너지

이상에서 보여준 구조는 현실세계의 분자와는 아무런 연관이 없는 순수한 가상의 분자일 뿐이며 모델링에서 목표로 하는 현실에 근접하는 구조를 얻기 위해서는 화학적 연산의 과정을 필요로 한다. 이러한 계산을 수행할 프로그램은 단순히 그래픽의 표현과 구조의 분석을 넘어 양자역학적 또는 분자역학적 구조 최적화나 에너지 최소화를 수행할 프로그램을 사용해야 한다. 이런 기능을 가진 많은 프로그램 중에서 몇 가지 다양한 분자역학적 힘장과 반경험적, *ab initio* 양자역학적 방법을 포함하고 있는 프로그램이 교육적으로 적절하리라 생각된다.

앞 절의 예에서는 분자를 평면구조로부터 변환과정을 거쳐 생성하였다. 물론 Hyperchem과 같은 모델링 도구들은 분자의 입력과 생성, 편집의 기능들도 갖추고 있으므로 외부에서 만들어진 구조를 가져오지 않아도 곧바로 분자의 편집(building)을 시작할 수 있다. 분자편집을 시작하기 이전에 기본적으로 설정해야 하는 것은 힘장의 신택이고 힘장은 원하는 목적이 무엇이냐에 따라 양자역학 혹은 분자역학적 알고리즘을 선택할 수 있다.

4.3.1 양자역학적 알고리즘의 선택

화학적 대상물, 즉, 분자계의 양자역학적 *ab initio* 방법은 모두 전자의 상호작용을 고려해야 하기 때문에 계산하는 항목의 수가 가장 많은 방법이다. 즉 슈뢰딩어(Schroedinger) 방정식에서 핵과 전자의 관계, 전자와 전자의 인력과 반발력(DO: Differential Overlap)등 모든 상호작용을 고려하는 방법이다.

이 방법의 결과는 가장 신뢰할 만한 결과를 줄 수는 있지만 전산도구의 연산능력에 대한 부담이 너무 크기 때문에 특정 항목에 대하여 근사법을 도입해야 할 이유가 있는데 그것이 바로 반경험적 방법으로 이는 전자간의 상호작용에 근사적 방법을 도입하는 것이다. 반경험적 방법에서도 가장 간단한 방법은 Extended Hueckel Method로 전자 간 상호작용을 완전히 무시하고 독립된 전자들의 행동만으로 계산하는 것이다. 이 보다 개선된 방법으로는 전자 간 상호작용의 부분적 취급방법이 있는데 이를 NDO(Neglect of DO)방법이라고 하며 이들 중에도 INDO, CNDO, MINDO, MNDO, TNDO, AM1, 그리고 PM3 등의 많은 알고리즘이 제시되어 있다. 이들의 자세한 기술은 본서의 범위를 벗어나므로 원전의 참조를 바라며 여기서는 *ab initio* 방법과 반경험법 중에서 파라미터가 생체분자에 가장 적합하게 최적화된 AM1와 PM3의 실제적인 응용을 위한 파라미터의 선정기준에 대하여 언급하고자 한다.

(1) *ab initio* 방법의 각 항목의 설정값

- Basis set 설정 : set의 크기는 전자기술함수의 항목수를 말하며 작을수록 연산은 빠르고 클수록 전자관련 물성예측이 정확하다.

  Minimal : STO-3G : Slater-Type-Orbital for H – Xe

  Small : 3-21G : Pople-Like type for H – Ar

  Medium : 6-31G* : Pople-Like type for H – Ar

  Large : 6-31G** : Pople-Like type for H – Ar

- 파라미터 설정

  Total charge : 분자계 전체의 총 전하

  Spin multiplicity : M(스핀다중도) : 짝을 이룬 짝수전자 = 1

  (M = 1 : Singlet state)

  Spin Pairing : RHF ; Restricted Hartree Fock

  Closed-shell calculation(M=1)

  UHF ; Unrestricted Hartree Fock

  Open-shell calculation(M=2,3)

스핀다중도는 M=|2S+1|로 정의되고 분자계의 전자가 짝수이며 모두 짝을 이룬

경우의 스핀다중도는 1(M=1)이며 이를 singlet 상태라고 한다. 여기서 S는 전자의 스핀양자수이다. 전자의 수가 짝수이면서 짝을 이루지 않고 평행인 스핀이 두 개이면 분자계의 스핀다중도는 M=3으로 Triplet 상태라고 한다. 따라서 홀수의 경우에는 M=2가 되며 이를 doublet 상태라고 칭한다.

*ab initio*와 유사한 방법 DFT(Density Funtional Theory)은 *ab initio*의 Hartree-Fock 파동함수 대신 내부 알고리즘에 전자밀도함수를 쓰는 것으로 조절 파라미터는 *ab initio* 와 같은 방법으로 선택할 수 있다.

(2) AM1, PM3 방법의 각 항목의 설정값

• 파라미터 설청

Total charge : 분자계 전체의 총 전하

Spin multiplicity : M(스핀다중도) : 짝을 이룬 짝수전자 = 1

Spin Pairing : RHF ; Restricted Hartree Fock

UHF ; Unrestricted Hartree Fock

State : Spin 상태 : Lowest : 최저에너지 상태의 계산

: Next Lowest : 분광학적 전이를 계산한다.

양자역학적 방법은 분자량 1000이상의 분자들에 대해서는 데스크탑 기반의 환경하에서는 현실적으로 가능하지 않으며 단백질이나 핵산등의 생체분자를 대상으로 하는 연구자에게는 더욱더 논외의 대상이 되는 것이다.

그러나 작은 유기분자들의 물리적 성질, 특히 전자밀도나 원자의 부분전하등 전자와 관련된 성질과 전자 전이에 관련된 분광학적 특성을 예측하는 데에는 다른 대안이 없다.

4.3.2 분자역학적 힘장의 선택

단백질이나 핵산과 같은 거대한 생체분자들의 물리적 특성 및 역학적 성질을 위해서는 MM+[10], AMBER[11], BIO+[12], 혹은 OPLS[13] 등의 분자역학적 방법을 선택해야 한다. 이들의 선택으로 프로그램이 결정하는 것은 화학적 결합의 상태에 따른 각 원자들의 형태(type)를 지정하는 것이다. 단순한 예를 들면 아세트아마이드 분자를 4가지 힘장에서 각각 입력하여 축조할 경우 표 4-7과 같은 원자형태(atom type)가 지정되어 저장됨을 알 수 있다. 이 원자형태의 목적은 결합상태와 주변원자에 따라 원자반지름, 원자전하, 결합길이 등 기본적 파라미터들을 설정하기 위한 표식자이다. 물론 힘장에 따라 파라미터의 값이 약간씩 달라질 것이며 더 중요한 차이는 에너지 계산에 사용되는 연산 알고리즘이 차이가 있다는 것이다. 따라서 이 도구로 얻고자 하는 것이 무엇인지 어떤 계산을 하고자 하는지를 가지고 판단해야 할 것이다.

표 4-7 | 분자역학적 힘장에 따른 간단한 분자내 원자의 형태(atom type)

원자의 번호	원자기호	분자역학적 힘장			
		MM+	AMBER	BIO+	OPLS
1	C	C4	CT	CT3	CT
2	C	CO	C	C	C
3	O	O1	O	O	O
4	N	N2	N	NH2	N
5	H	H	HC	HA	HC
6	H	H	HC	HA	HC
7	H	H	HC	HA	HC
8	H	HV	H	H	H
9	H	HV	H	H	H

MM+ 힘장은 거의 모든 유기화학적 상황을 포함하도록 가장 일반적이고 광범위하게 프로그램되어 있으며 AMBER는 단백질과 지질 및 핵산계열의 거대분자를 중심으로 개발되었기에 아주 특이한 유기물이나 무기화합물의 경우에는 중요 파라미터가 없는 경우도 있어 이런 때에 알고리즘은 대체 파라미터를 사용하도록 설정되어

있다. OPLS 힘장은 AMBER와 거의 비슷한 방법을 쓰고 있으나 van der Waals 와 수소결합의 처리가 약간 다르게 설정되어 있다고 한다. BIO+는 CHARMM 알고리즘의 다른 이름이며 이 역시 AMBER와 OPLS와 같이 거대 생체분자를 중심으로 개발되어 왔다.

그러므로 일반적인 작은 유기분자들의 독립적인 구조분석에는 MM+ 힘장을 쓰는 것이 좋을 것이지만 생체분자의 분자역학이나 생체분자와 약물들의 복합체를 연구할 때에는 AMBER, BIO+나 OPLS를 사용하는 것이 내부적 모순을 피하는 길이다.

MM+힘장을 사용할 경우에는 정전기적 인력을 계산하기 위해서 결합의 극성만을 고려할 것인지 아니면 원자들의 부분전하를 구체적으로 계산에 넣을 것인지를 결정해야 한다. 결합의 극성으로 정전기 인력을 계산하기 위해서 MM+ 힘장은 원자형태에 따라 내재하는 쌍극자모멘트를 사용하지만 모든 원자의 부분전하는 구체적으로 입력해 주어야 한다. 이를 위해서는 미리 *ab initio* 방법이나 반경험적 AM1와 PM3 등의 방법으로 전하를 계산한 다음 MM+힘장을 사용해야 한다.

AMBER, BIO+나 OPLS등의 힘장에는 20개의 아미노산과 8개의 핵산등의 알려진 조각분자들의 원자 부분전하는 내재되어 있으나 일반 유기분자와 결합된 복합체의 경우에 유기 분자는 따로 전하계산의 절차가 필요하다. 이 힘장에서는 또한 용액의 효과를 모사할 수 있는 용매 유전상수값을 지정하기도 한다.

분자역학적 에너지(2-10 식)계산을 위한 원거리 상호작용을 계산할 때에는 일정 거리 이상 떨어진 원자 간의 상호작용은 무시하므로서 연산시간을 줄일 수 있다. 이 무시할 수 있는 일정거리를 cutoff라 하며 대부분의 분자역학적 방법이 제공하는 기능이다.

4.3.3 분자의 편집과 에너지의 계산

이제 모델링의 첫 단계로 가상 분자를 영점에서부터 생성해 보기로 한다. 앞 절에서 선택한 양자역학적 방법 또는 분자역학적 힘장에서 모델링 프로그램은 원자들의 선택과 이들 간의 결합을 형성하여 분자를 구성하는 기본기능을 제공하므로 분자의 축조에서는 구조적 이성질체 등의 분자 내 구조적 특이성을 감안하여 분자를 생성한다.

생성된 분자가 적절히 작성되었는지는 원자의 결합가(valence)와 근거리 기하학(local geometry), 그리고 각 힘장에서 제시하는 원자형태 및 결합길이 및 분자량과 분자식등을 통하여 확인할 수 있다.

다음으로 수행할 수 있는 것은 에너지의 계산이다. 프로그램이 제시하는 기본적 계산결과에 포함되는 물리적 성질과 에너지값을 확인하기 위해서는 프로그램의 연산결과가 어떻게 기록되는지를 알아야 한다. Hyperchem의 경우 계산 초기에 기록파일(*.log)을 설정하여 놓은 다음 계산 후에 기록파일을 검토하므로서 필요한 데이터를 추출할 수 있다.

다음의 표 4-8, 9에는 아세트아마이드의 에너지와 원자들의 부분전하에 관한 결과를 요약하였다. 이 에너지 계산은 계산방법의 형식적 결과를 보여주기 위한 것이며 그 절대적 값에 관해서는 분자계의 구조를 면밀히 검토해서 해석해야 될 것이다. 또한 그것도 각 계열별로, 즉, 분자역학은 분자역학끼리, MM+ AMBER, BIO+ 또는 OPLS 끼리 각 항목을 비교해야 의미가 있을 것이며, 반경험적 방법은 또한 AM1과

표 4-8 | 양자역학과 분자역학적 방법에 의한 아세트아마이드 초기분자의 성분에너지

에너지 성분	양자역학적 방법			분자역학적 방법				에너지 성분
Energy (kcal/mol)	abinitio	AM1	PM3	MM+	AMBER	BIO+	OPLS	Energy (kcal/mol)
Electronic Kinetic	129534.244			3.024	2.579	3.341	0.158	Bond
eK, ee, eN	-206741.301			0.598	0.456	0.097	0.456	Angle
Nuclear Repulsion	76965.868			2.050	6.880	0.000	1.702	Dihedral
Binding		-820.076	-819.192	0.527	0.256	0.139	0.143	van der Waals
Isolated Atomic		-18843.604	-16944.785	0.030				Stretch-Bend
Electronic		-56562.013	-54207.876		0.000	0.000	0.000	H-Bond
Core-Core IA		36898.333	36443.899	-14.958	-12.067	-5.616	-6.303	Electrostatic
Total Energy	-129775.434	-19663.681	-17763.977	-8.790	-1.897	-2.039	-3.843	Total Energy
Gradient		31.838	30.241	22.657	16.066	20.684	5.228	Gradient

PM3를 비교해야 할 것이다. 그 절대값의 물리적 의미는 원전 알고리즘의 정의를 참고하여야만 의미있는 해석이 내려질 수 있을 것이다. 가장 일관성있는 방법은 같은 힘장 또는 방법을 설정해 놓고 설정값의 변화에 따른 에너지 차이라든지 구조적 변동에 따른 에너지 변화를 비교하면 될 것이다. 이는 다음의 절 중 실제 구조 최적화 과정에서 동반되는 에너지 변화에 대하여 설명하기로 한다.

원자의 전하는 전자가 관여된 특성이므로 양자역학적인 방법으로만 얻을 수 있는 성질이다. 표 4-9의 원자전하를 보면 흥미로운 사실을 볼 수 있다. 즉, *ab initio* 방법에 의한 원자전하가 반경험적 계산결과보다 극성이 훨씬 큰 것으로 나타났다는 사실이다. 또한 화학적으로 정확히 같은 환경의 원자들이 다른 전하를 갖는 결과가 나오기도 한다는 것이다. 아세트아마이드의 메틸기의 3개 수소와 아민기의 2개의 수소가 바로 그것이다. 이는 자유회전가능한 결합을 고정구조로 계산하는 과정에서 나오는 돌발변수(artifact)로 파악되며, 실제 이 전하를 이용한 연계 계산을 위해서는 인위적인 조절이 필요한 것이다. 실제로 분자역학적 계산에서도 전하가 필요하지만 분자역학 자체로는 전하계산 기능이 없으므로 양자역학의 계산결과를 고정파라미터

표 4-9 | 양자역학적 계산법에 의한 원자의 부분전하

원자이름과 형태			양자역학적 방법		
		MM+	ab initio	AM1	PM3
1	C	C4	−0.56526	−0.23603	−0.12711
2	C	CO	0.72355	0.29637	0.19243
3	O	O1	−0.62448	−0.38374	−0.42429
4	N	N2	−0.90135	−0.42830	0.04222
5	H	H	0.15160	0.07300	0.03782
6	H	H	0.21229	0.11014	0.07036
7	H	H	0.21229	0.11015	0.07037
8	H	HV	0.40657	0.23756	0.07756
9	H	HV	0.38478	0.22084	0.06063
		총전하	0.00000	0.00000	0.00000

로 사용한다. 이때에는 같은 형태의 원자는 같거나 적어도 유사한 값의 전하를 배당하도록 전체의 전하를 조금씩 조절하여 힘장의 다른 고유 파라미터와 일관성을 유지하는 것이다.

분자역학적 힘장에 도입되어 사용되는 전하는 *ab initio* 방법보다는 반경험적 방법에 의한 결과를 선호하는 편이다. 그것은 *ab initio*가 극성이 지나치게 강하게 설정되어 있기 때문이며 특히 용매효과등을 고려한다면 원자전하에 의한 극성을 완화시킬 필요가 있다는 것이다. 용매분자를 구체적으로 사용하는 경우(4.11절 참조)에는 용매가 강한 극성을 완화시켜 주기도 하지만 용매효과를 간접적 파라미터로만 고려하거나 처음부터 진공상태의 유리된 분자계를 계산할 때에는 의도적으로 전하 값을 낮추어 설정하는 경우도 있다[25].

4.3.4 연습 – 유기분자의 편집과 에너지 계산

유기분자의 작성과 에너지 계산, 그리고 전하의 계산과 조정 등의 과정은 분자내 혹은 분자간 상호작용의 계산을 위한 분자역학적 모델링에서 중요한 첫 단계의 준비과정이다. 이 과정을 여기 언급한 순서에 맞추어 여러 형태의 분자에 적용시켜 보는 것, 그리고 그 후의 계산결과의 적절한 분석과 올바른 해석은 중요한 요소이다.

과제 4-3-1 : Enalapril과 Penbutolol 분자를 편집하고 에너지를 계산하고총에너지 중 각 성분에너지를 비교한다.

4.4 기하학적 구조최적화에 의한 에너지 최소화

앞 절의 초기에너지는 그 구조적 상태하에서 각 성분에너지의 합으로 이해할 수 있다. 표 4-8의 아세트아마이드의 초기에너지에서 총에너지 값은 관여된 변수의 다차원 공간 내 에너지 표면 중 어떤 지점을 나타내며 미분(gradient)값은 그 점에서의 기울기를 나타낸다. 그 값의 절대값을 여기서 논할 수는 없지만 분자가 안정한 상태로 이동하고자 하는 동기의 크기로 볼 수 있다. 따라서 에너지 기울기가 크다는 사실은 그 상태의 구조는 다른 구조로 변화하고자 하는 경향이 크다는 뜻이며 구조적 불안정도가 크다는 사실을 반영해 준다.

여기서 어떤 임의의 구조로부터 기하학적으로 안정한 구조에 이르는 몇가지 단계에서 총에너지와 그 각각의 성분들을 추적해 보기로 한다.

4.4.1 초기구조와 전하의 도입

구조최적화의 대상으로 4.2.1절에서 생성한 아스피린 분자를 선택하였다. 이 분자는 구조적 특성상 평면을 이룰 수 있는 특성과 평면에서 벗어날 가능성을 모두 가지고 있어서 시험의 좋은 예가 될 수 있을 것이다. 우선 Chem3D를 이용하여 변환한 구조는 원자의 전하가 설정되어 있지 않았으므로 여기서는 반경험적 AM1 방법을 써서 계산하였다. 그 결과(표 4-10)에 의하면 이 분자안의 모든 원자는 각각 고유한 화학적 환경에 처해 있으므로 모두 다른 전하를 가지고 있다.

다만 원래의 10번 탄소에 결합된 18, 19, 20번 수소들도 회전 대칭성으로 인하여 같은 특성을 가져야 하지만 계산시에는 고정된 구조적 위치에 따라 다른 값이 나올 수밖에 없다. 이들의 전하값은 각각 0.112, 0.122, 0.145로 계산되었지만 화학적으로 메틸기의 세 개의 수소는 같은 전하를 부여할 수 있으므로 모두 세 값의 평균치 0.126으로 설정하여 전체 전하 0을 맞추었다.

4.4.2 기하학적 구조최적화 과정과 에너지 변화

계산방법은 양자역학의 AM1방법과 분자역학의 MM+ 힘장을 사용하여 그 과정을 비교하였다. 양자역학의 방법에서는 매 계산마다 전하의 계산이 기본요소이며 구조최적화 과정마다 전하값이 소폭 변하지만 분자역학적 방법에서는 전하계산 기능이 없으므로 앞절에서 설정한 전하값이 고정값으로 사용된다.

표 4-10 | 반경험적 AM1을 사용한 아스피린분자의 원자전하 값

No	Element	Valence	Type*	Charge**	No	Element	Valence	Type*	Charge**
1	C	3	CA	-0.251	12	O	1	O1	-0.364
2	C	3	CA	-0.069	13	O	2	O2	-0.268
3	C	3	CA	-0.169	14	H	1	HX	0.246
4	C	3	CA	-0.042	15	H	1	H	0.144
5	C	3	CA	-0.124	16	H	1	H	0.147
6	C	3	CA	0.134	17	H	1	H	0.161
7	O	2	O2	-0.192	18	H	1	H	0.126
8	C	3	CO	0.327	19	H	1	H	0.126
9	O	1	O1	-0.249	20	H	1	H	0.126
10	C	4	C4	-0.332	21	H	1	H	0.168
11	C	3	CO	0.353				Total	0.000

* Atom Type used by MM+ force field, ** Atomic charge calculated by AM1 method

각 계산의 첫단계는 Chem3D의 3차원 변환구조의 주어진 좌표를 불러오고 계산방법과 설정사항을 조정한 다음 Hyperchem의 Compute - Single Point를 수행한다. 이때에 설정항목 중 계산과정과 결과를 기록하는 log파일의 설정이 중요한 항목이다. 특히 MM+ 계산에서는 원자전하가 구체적 파라미터로 입력되었기 때문에 정전기에너지 계산의 수단을 결합의 쌍극자능률보다 원자전하로 설정하는 것이 바람직할 것이다.

그 결과를 표 4-11에서 확인할 수 있는데 여기서 두드러지는 사실은 첫 단계의 Single Point 계산에서는 총에너지 자체에 비하여 기울기(gradient)값이 상당히 크다는 것이다. 이것은 초기구조의 생성에는 분자계의 전체 에너지를 고려하지 않는 단순한 분자편집기 내의 화학결합의 범용성 변수만으로 구조가 만들어졌다는 것이다. 그것은 초기구조가 Chem3D에 의하여 변환된 것이든 처음부터 분자편집기로 생성된 것이든 초기에는 분자계에 구조적 긴장상태가 형성되어 있다는 것을 다음 단계에서 인식하게 될 것이다.

표 4-11 | 분자계의 에너지 계산과 구조최적화 과정

양자역학의 반경험적 AM1 계산				분자역학적 MM+ 힘장의 계산			
	Single point	Geometry Optimization		Single point	Geometry Optimization		
Energy (kcal/mol)	Chem3D	SD Opt.	CG-Opt.	Chem3D	SD Opt.	CG-Opt.	Energy (kcal/mol)
Binding	-2283.504	-2326.050	-2331.470	15.278	0.285	0.207	Bond
Isolated Atomic	-56335.994	-56335.994	-56335.994	3.067	3.826	3.239	Angle
Electronic	-286343.991	-284368.090	-288665.417	14.964	-2.322	-2.473	Dihedral
Core-Core IA	227724.492	225706.046	229997.953	60.710	8.908	7.075	van der Waals
Heat of Formaation	-90.442	-132.988	-138.408	0.248	0.058	0.024	Stretch-Bend
Dipole Moment	3.615	4.386	5.302	-49.372	-51.350	-51.671	Electrostatic
Total Energy	-58619.498	-58662.044	-58667.464	44.896	-40.594	-43.600	Total Energy
Gradient	33.610	0.993	0.091	36.013	0.871	0.087	Gradient

두 번째 단계에서는 앞에서 인지하였던 구조적 긴장상태, 즉 큰 기울기값을 순차적으로 완화(relaxation)시키면서 구조의 최적화를 수행하는 것이다. 이 때에 설정하는 변수는 2.6절의 최속강하법의 설정하고 기울기 도달한계(termination condition)을 1.0 kcal/A.mol 정도로 약하게 설정하는 것이다.

이 '약하게' 의 기준은 물론 분자계의 크기에 의존하는 것이며 1.0 이라고 하는 것

은 대단히 임의적인 것이므로 실제 최적화를 수행하면서 감각적으로 조절할 수밖에 없는 값이다. 프로그램은 큰 기울기로부터 구조를 변화시켜야 할 방향을 설정하고 소폭의 결합길이와 각도 등의 구조적 변환을 수행한 후 다시 에너지 계산을 실행한다. 다시 실행한 계산결과에서 산출된 기울기는 물론 전단계의 기울기보다 클 수도 작을 수도 있다. 만일 작아졌다면 그 변화는 옳은 변환이라 볼 수 있고 크다면 그것은 잘못된 변화이므로 버리면 되는 것이다. 이러한 선택을 반복(iteration)하면 결국 기울기가 계속 작아지는 구조적 변화를 얻게 되는 것이며 그 기울기가 도달 한계값을 밑돌게 될 때에 프로그램은 반복을 중단하는 것이다.

세 번째 단계에서는 두 번째 단계에서 구조적 변화가 이미 상당히 진척되었기에 기울기도 아주 작아졌으므로 보다 효율적인 최소화 알고리즘을 선택하는 것이 바람직하다. 즉, 최소값 근처에서는 SD 방법이 더 이상 구조변화의 방향설정을 수행하기가 어렵다고 생각되므로 결합기울기법법을 설정하고 전 단계에 이어서 최소화를 수행한다. 물론 이 때에 도달 한계값을 전 단계의 1 kcal/A.mol보다는 작은 값을 설정하므로서 프로그램을 압박하여 보다 작은 에너지 값을 찾아내도록 하는 것이다.

계산 결과에 대한 해석은 보다 더 신중히 접근해야 할 문제이며 이제 겨우 모델링의 본격적 출발점이라고 할 일이지만 여기서는 일단 정성적인 평가만으로 형식론을 익히는 것으로 만족하기로 한다. 반경험적 결과에 따르면 결합에너지와 정전기에너지 값이 초기에서 마지막 결합기울기법에 의한 최적화과정까지 순차적으로 안정화됨을 알 수 있다. log파일의 기록에서 발췌한 생성열과 쌍극자능률값도 큰 폭의 변화가 수반되는데 점차적으로 실제 측정치에 가까워짐을 확인할 수 있을 것이다. 분자역학 MM+의 계산결과는 분자 모델링 측면에서 해석하는 구조적 변화에 대한 보다 알기 쉬운 그림을 그려준다. 즉, 초기구조에서 결합길이에 대한 에너지가 매우 큰 것은 MM+ 힘장에서 결합형태에 따라 설정한 표준 길이로부터 많이 벗어나 있음을 말해 준다. 이같은 해석은 또한 반데르바알스 에너지와 정전기적 에너지에도 적용되지만 결합각도에 대해서는 적용되지 않음을 볼 수 있다. 이면각의 결과도 큰 폭의 안정화를 확인할 수 있는데 이는 MM+힘장의 설정의 문제가 아닐 수 있다. 이면각은 3개의 결합을 사이에 둔 상호작용이므로 근거리구조의 엄격함에서 벗어나며 어떤 면에서는 자유로운 원거리 구조의 특성을 보인다고 볼 수 있다. 따라서 초기의 이면각에서 자유로운 회전으로 보다 더 안정한 이면각을 찾은 것으로 보는 것이다.

4.4.3 최적화구조의 정량적 측정

이미 언급한 바와 같이 전자에너지의 역할이 중요한 양자역학적 방법보다 분자역학적 에너지 항목이 구조적으로 해석하기에 명확해 진다. 이런 그림을 보다 명확히 형상화하기 위해 최적화 3단계의 결과에 대하여 구조적 분석이 필요할 것이다. 4.2.2절의 분석법에 의하여 표 4-6의 구조 파라미터중 몇가지를 선별하여 비교 분석한 결과는 표 4-12에 수록하였다.

결합길이와 각도의 변화를 보면 양자역학적 계산에서는 비교적 자유로운 변화를 볼 수 있지만 분자역학계산에서는 어떤 특정한 값에 수렴함을 볼 수 있다. 아무래도 양자역학은 전자의 움직임이 전체 골격구조를 결정하는 반면 분자역학은 이미 근거

표 4-12 | 구조 최적화 과정에서 수반된 구조적 변화

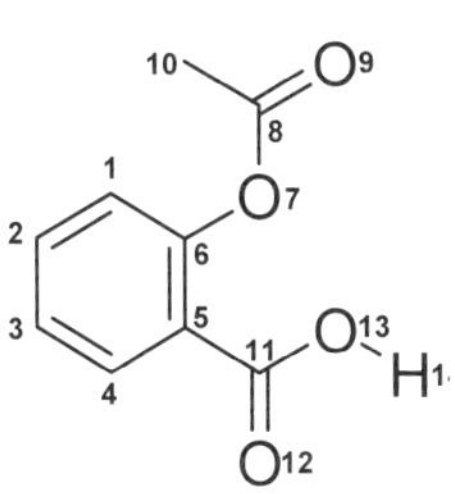

	초기구조	양자역학적 AM1		분자역학적 MM+	
Energy(kcal/mol)	Chem3D	SD Opt.	CG-Opt.	SD Opt.	CG-Opt.
λ (7−8)(Å)	1.338	1.408	1.392	1.342	1.340
λ (8−9)(Å)	1.208	1.225	1.228	1.207	1.207
θ (7−8−9)(°)	124.803	112.243	111.113	122.520	122.978
θ (5−11−13)(°)	121.199	116.321	115.002	124.344	124.058
φ (5−6−7−8)(°)	−179.430	−165.007	−97.712	−162.445	−128.692
φ (6−7−8−9)(°)	−119.996	−128.170	−176.054	−127.655	−146.872
φ (6−5−11−12)(°)	140.570	144.562	−145.850	177.179	179.734
φ (6−5−11−13)(°)	−38.843	−37.506	36.337	−3.938	−0.003
φ (12−11−13−14)(°)	0.575	−1.291	5.383	6.380	1.188

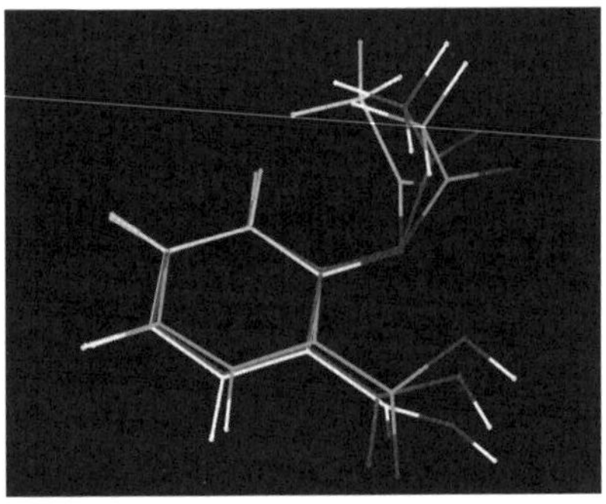 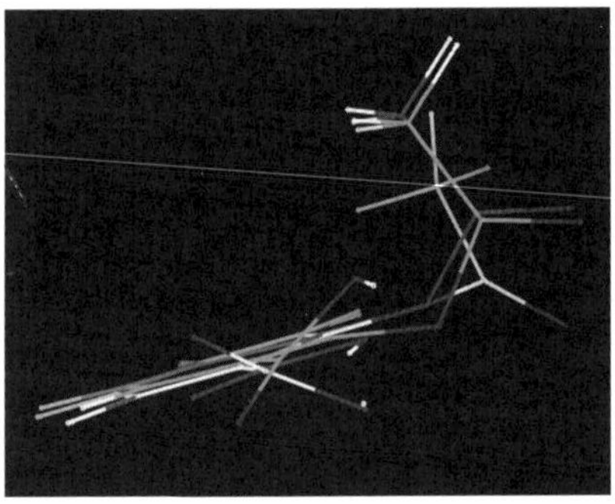

그림 4-3 | 아스피린의 구조최적화 과정에서 보이는 구조적 변화 - 흰색: 초기구조, 하늘색: AM1의 최적화 결과, 그리고 분홍색: MM+ 힘장에서의 최적화 결과.

리 골격구조를 특정한 결론에 묶어놓은 결과라 볼 수 있을 것이다.

그러나 이면각의 변화는 양쪽이 모두 자유로운 변화를 보이고 있다. 아세틸 그룹과 카르복실 그룹이 벤젠환에 대한 이면각에서 비슷한 정도의 변화폭, 40~60도 정도를 보인다(그림 4-3). 특이한 것은 AM1의 계산과정 중, 최속강하법의 약한(한계값 1.0 kcal/A.mol) 조건에서 결합기울기법의 강한(한계값 0.1 kcal/A.mol)조건으로 바뀌면서 카르복실기의 배향이 벤젠환의 한쪽 켠에서 다른 반대편으로 70도 정도 뒤집어졌다는 사실이다. 반면 MM+계산에서는 벤젠환과 거의 동일평면을 이루도록 바뀌었다는 것 또한 이론적으로 반문해야 할 문제일 것이다. 즉, 카르복실기의 전자들은 벤젠환과 짝지어졌기 때문에 동일편면을 이룰 가능성이 큰 것이므로 양자역학적 방법에서 평면성을 증명해야 할 것으로 보이는데. AM1에서는 오히려 평면을 벗어나고 MM+에서 평면을 찾아낸 것이다.

이러한 문제는 양자역학적 방법의 여러 가지 알고리즘과 분자역학의 힘장의 기능을 검토하고 그 최적화 결과의 각 성분에너지를 면밀히 분석하여 어떤 요인에 의하여 이러한 결과가 얻어졌는지를 파악해야 할 것이다. 또한 여기 얻은 결과가 결코 아스피린 분자의 절대적 최소에너지 구조라 말할 수 없을 것이며 앞으로도 절대구조를 찾기 위한 여러 가지 방법을 찾아가야 할 것이다.

4.4.4 연습 – 입체선택성 구조의 편집

과제 4-4-1 : Perindopril과 Propranolol 약물분자에 대하여 R-, S-이성체를 편집하여 양자역학적으로 전하를 계산한다. 계속하여 화학적으로 동등한 원자가 존재하면 그 부분전하를 동일하게 조정하여 총 전하의 합이 일치하도록 조절한다.

과제 4-4-2 : 위 약물분자에 대하여 반경험적 방법과 분자역학적 방법을 사용하여 구조최적화과정을 수행한 후 초기구조와 최적화 구조의 에너지를 비교, 해석한다.

4.5 물질의 구조와 색깔

물질의 성질 중에 색깔(color)에 관한 문제는 분자의 전자구조와 직접적인 상관관계가 있다. 물질이 수동적으로 보여주는 색깔은 물질에 도달하는 백색광(모든 빛의 성분을 포함한 빛)에서 일부를 흡수하여 자신의 구조적 용도에 사용하고 흡수하지 않는 빛은 다시 반사시키는 것이다. 그러므로 물질의 구조와 직접 관련 있는 색은 겉으로 나타나는 물질색의 보색(comple mentary color)으로서 이 보색의 분석이 물질의 구조를 파악하는 데에 중요한 단서가 되는 것이며 역으로 구조적 상태를 변화시킨다면 원하는 색깔의 창조도 가능한 것이다. 이 절에서는 물질의 전자구조에서 유발되는 분광학적 특성을 파악하는 단계를 반경험적 양자역학적으로 수행해 보고자 한다.

4.5.1 유기염료의 구조

물질의 색깔(color of material)이 극단적인 변화를 보이는 예는 환경에 따라 색깔이 바로 변하는 적정반응의 지시약(indicator)을 들 수 있다. 페놀프탈레인은 산성용액에서는 무색이지만 pH가 8이상인 용액 내에서는 분홍색임을 알고 있으며 이 변화는 물질의 전자배치 구조의 변화와 연계되어 있으니 이 사실을 양자역학적 계산으로 증명한다. 산성용액에서 페놀프탈레인은 산성형 구조를 가지고 염기성에서는 중앙의 sp3형 탄소는 산소와의 결합이 끊어지고 sp2형 탄소로 바뀌며 카르복실기는 카르복실염이 되고 페놀기중의 하나가 케톤기로 변하게 된다. 이 현상을 계산하기 수월한 분자형태로 표현하기 위해 일종의 원거리 토토머(tautomer)의 형태로 표현한다면 그림 4-4와 같이 그릴 수 있다.

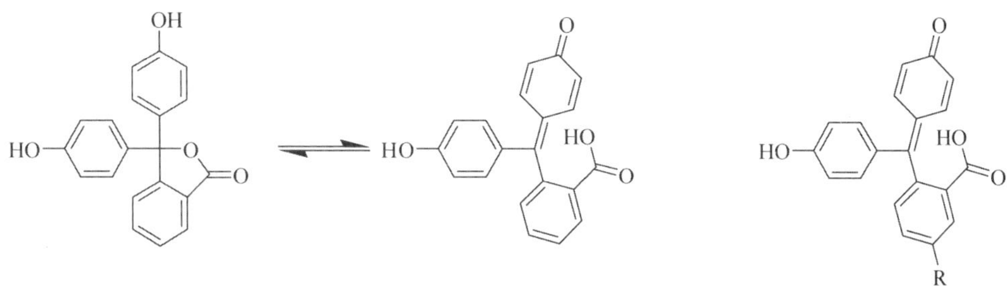

a b c

그림 4-4 | 페놀프탈레인의 산형(a: Phph)과 염기형(b: Phph-H)의 구조식 - 염기형은 실제로는 강염기 환경하에서 이온화된 형태로만 가능하지만 여기서는 중성형으로 표현하였으며 c의 R그룹은 CH_3(Phph-CH_3), OH(Phph-OH), NH_2(Phph-NH_2)기를 치환하여 색깔 보조그룹을 모델링하였다.

4.5.2 반경험적 전자준위 계산방법

이 루이스 구조식에서 확인되는 것은 산형의 구조에서는 짝지운 이중결합(conjugate double bond)이 벤젠환 안에 머물러 있어서 3개의 이중결합단위로 끊어져 있지만 염기형에서는 가운데의 탄소의 sp^2화로 11개의 이중결합이 연결(conjugate)되어 있다고 보는 것이다. 더우기 알코올기의 산소원자의 비공유 전자쌍이 π 전자계로의 확장성을 암시하고 있다고 볼 수 있다. 자주 비유되는 '1차원 상자속의 전자모델(particle in a box)[44]'은 양자역학적 방법 중 가장 단순화된 Hueckel Molecular Orbital Theory[8]의 형태로 응용되는데 그 결론에 의하면 긴 사슬의 짝지워진 π 전자계의 사슬길이가 길어지면 흡수색과 아울러 그 보색도 점차로 장파장쪽으로 이동한다. 페놀프탈레인은 이 결론에 합당하게 산성에서는 무색을 띄우지만 염기성에서는 분홍색의 색조를 보인다. 이 현상은 보다 정교하게 반경험적 방법으로 계산할 수 있다. 여러 가지 반경험론 중에서 분광 스펙트럼의 계산에 특화된 것은 ZINDO/S[45]로서 자외선 분광스펙트럼(UV spectrum)을 계산하는 데에 유리하다. 여기서는 ZINDO/S와 범용성이 높은 AM1 방법이 어떤 차이를 보이는지 비교분석해 보기로 한다.

우선 그림 4-4의 5가지 구조를 통상 분자편집기를 사용하여 작성한 다음 각각 MM+ 힘장에서 구조최적화를 수행한다. 반경험적 방법으로 직접 구조최적화를 수행하는 것도 원칙적으로 가능하지만 반경험적 방법으로는 부분적으로 에너지 최소화 과정이 쉽게 수행되지 않고 연산시간도 매우 길어지므로 공간적 구조최적화는 분자역학적 방법으로 수행한 다음, 전자구조의 계산에 가서는 양자역학적 방법을 쓰는 것이 좋다. 이렇게 얻은 구조에 각각 AM1 계산과 ZINDO/3 계산을 Hyperchem의 계산모듈을 이용하여 수행하는 것이다.

일차적으로 반경험적 방법 중 AM1 또는 ZINDO/S을 선택하여 4.3.1절의 양자역학에서 반경험적 계산을 위한 기본적 설정이외에 전자배열상호작용(CI: configuration interaction)의 계산조건을 설정해야 한다. 전자배열상호작용이란 안정한 바닥상태(ground state)와 들뜬 상태(excited state)의 분자궤도함수, 즉 오비탈 간의 상호작용을 말하는 것으로 분광학적 전이(spectral transition)의 계산에서 핵심항목이 된다. 자외선 가시광(UV-Visible) 분광학의 본질은 안정한 분자 내 최고점유분자궤도함수(HOMO: Highest Occupied Molecular Orbital)의 전자가 최저비점유분자궤도함수(LUMO: Lowest Unoccupied Molecular Orbital)로 분광학적으로 전이하는 현상으로 두 전자배열(configuration: HOMO 와 LUMO)간의 작용을 계산하여 스펙트럼을 얻을 수 있는 것이다. 일반적으로 가장 단순한 1차적 측정은 전자 하나의 전이에 따른 신호의 측정이므로 선택항목으로 단일들뜸(singly excited)을 택하여야 할 것이며 전이에 관여하는 궤도함수는 HOMO와 LUMO 각각 3개씩이면 충분히 복잡한 스펙트럼을 얻을 수 있다. 이러한 설정으로 단일구조 계산을 수행하면 기록 log파일 내에는 모든 분자궤도함수의 에너지와 밀도행렬(density matrix)이 결과로 계산된다. 다시 이 에너지 준위의 궤도함수로부터 분광학적 전이를 계산하면 그림 4-5와 같은 결과를 얻을 수 있다.

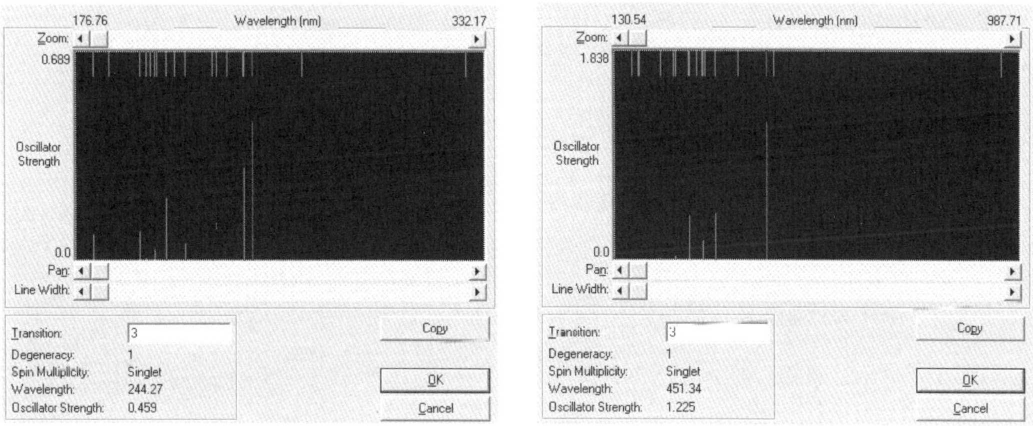

그림 4-5 | 페놀프탈레인의 산형(a: Phph)과 염기형(Phph-NH_2)의 AM1계산결과 얻어진 선스펙트럼
-빨간색으로 표시된 신호는 가장 흡광도가 높은 것을 나타낸다.

4.5.3 스펙트럼의 해석방법

이 그림의 표현방법은 상단에 가능한 분광학적 전이를 모두 표시하였고 아래로부터 솟아오른 신호는 그 진이중 흡광도(oscillator strength)가 상대적으로 높은 것들을 보여주며 실제 자외선 분광스펙트럼하고는 다른 선스펙트럼의 형태를 나타낸다. 이론적 계산에서는 단일 분자전이의 에너지 값만을 계산하므로 실제와 유사한 구조의 스펙트럼을 얻고자 한다면 각 신호를 중심으로 일정폭의 분포함수를 곱하여 실제 스펙트럼을 모사할 수도 있을 것이다. 그 분포 스펙트럼의 근거는 실제 측정되는 분자계는 단일분자가 아니고 유사한 구조와 에너지분포를 보이는 앙상블집합체로 볼 수 있는 것이다.

우선 산형과 염기형의 흡수파장(λ_{max})을 비교하면 산형의 전이에너지가 염기형의 전이에너지보다 크다는 것이다. 이것은 산형은 세 개의 벤젠환이 유리되어 있어서 흡수파장 244.27nm은 벤젠환의 흡수범위에서 크게 벗어나지 않는데 반하여 염기형의 경우에는 흡수파장이 451.34nm로서 가시광선영역까지 증가되었다는 것이다. 즉 염기형에서는 HOMO와 LUMO간의 에너지 차이가 π 전자들의 연속적인 짝지움

(conjugation)으로 상당히 감소되었음이 장파장이동의 결과로 확인되는 것이다. 흡광도(ε_{max})에서는 산형의 경우 0.459이며 염기형에서는 1.225로서 분광학적 전이의 특성을 추정할 수 있는 값을 보여준다. 즉, 유리된 벤젠환의 경우 가장 244.27nm의 신호는 분광학적 전이확률(transition probability)이 낮은 n→π *전이일 가능성이 있고 짝지워진 염기형의 451.34nm 신호는 전이확률이 높은 π →π *전이에서 기인하는 것으로 높은 흡광도를 나타내는 것이다. 이러한 전이의 정확한 근거에 대한 분석은 계산결과가 상세히 기록되는 log파일을 면밀히 분석하므로서 가능한 일이므로 독자들은 사용하는 프로그램에서 이러한 전산기록이 어떻게 얻어지는지를 알아내는 것이 우선하는 일일 것이다.

그림 4-4의 5가지 화합물에 대한 AM1과 ZINDO/S계산 결과에서 최대흡수파장과 흡광도만을 추출하여 표 4-13에 수록하였다.

표 4-13 | 반경험적 방법에 의한 페놀프탈레인과 그 유도체의 자외선분광스펙트럼.

	AM1		ZINDO/S	
화합물	λ_{max}	ε_{max}	λ_{max}	ε_{max}
Phph	244.3	0.4594	281.5	0.3398
Phph-H	445.1	1.1868	440.9	1.2105
Phph-CH_3	445.8	1.1971	439.8	1.2286
Phph-OH	448.2	1.2003	442.2	1.2201
Phph-NH_2	451.3	1.2251	443.3	1.2674

여기서 보여주는 것은 일단 염기형에서 유래한 화합물의 계산결과는 AM1과 ZINDO/S 모두에서 일관된 경향을 보여주고 있다, 즉, 앞에서 해석한 흡수파장과 흡광도의 증가는 AM1뿐 아니라 ZINDO/S에서도 일관성 있게 얻어지는 결과라는 것이다.

염기형의 치환체 효과를 한번 분석해 보자. 카르복실기가 붙어있는 벤젠환의 para위치에 치환체를 도입해 보는 것은 이미 존재하는 -OH기와 유사한 효과를 나타내는가를 보고자 하는 것이다. 우선 -CH_3기를 도입한 경우에는0.7nm(AM1) 증가하거나 1.1nm(ZINDO/S) 감소하여 실질적으로 거의 변화가 없는 것으로 볼 수 있다. 실제 부피효과 이외에 비공유 전자쌍등과 같은 전기적 효과가 전혀 없는 $-CH_3$기가 여분으로 도입된다고 해서 물성의 차이를 이론적으로 기대하기는 어려울 것이다. -OH기의 도입은 어떠한가. 이미 존재하는 -OH기는 비공유 전자쌍의 존재로 염기성 환경에서 케톤형으로 전환될 수 있는 가능성을 지니고 있음을 알고 있다. 여분의 -OH도입으로 두가지 방법에서 모두 약 2~3nm 정도의 흡수파장 증가를 예측하고 있다. 또한 $-NH_2$의 도입으로 3~5nm의 장파장이동이 수반되고 있는데 실제로 -OH기와 $-NH_2$기의 비공유 전자쌍은 짝지움현상을 결합 하나정도를 연장하는 효과를 유발할 수 있으므로 장파장이동이 쉽게 예견되는 현상인 것이다.

실제에 있어서 산형은 무색이며 염기형 페놀프탈레인의 보이는 색은 분홍색이다. 이 색은 사실은 흡수파장 445nm근처의 파장분포 ±20nm의 빛을 흡수하고 남은 빛이 분홍색이라는 사실인데 그러면 앞에서 -OH 또는 $-NH_2$치환체로 합성된 염기형이 있다면 그들의 색깔은 분홍색과 어느 정도 다를까? 더 붉은색 쪽으로 변할까 아니면 파란색 쪽으로 변할까? 여기 실행한 모의실험이 정확하다면 2~5nm의 색감의 차이는 그저 어느 정도의 느낌의 차이정도는 될 것인지 화학자로서는 궁금해지지 않을 수 없다. 독자들은 이와 같은 치환된 페놀프탈레인이 실제로 존재하는지 조사해 볼 일이다. 실제 과거 BASF나 Ciba Geigy등의 염료제조 회사들은 그저 경험으로 색깔을 만들어 냈지만 현대의 염료회사들은 이러한 계산화학에 의한 예측과 시행착오 등의 과정을 새로운 염료 개발의 중요한 도구로 사용할 것이다.

4.5.4 연습 – 유기염료와 새로운 색의 창조

과제 4-5-1 : 다음 염료중 하나를 선택하여 기본자료를 조사하고 AM1과 ZINDO/S를 이용하여 자외선분광스펙트럼을 계산하고 실제 색깔과 비교, 해석한다.

과제 4-5-2 : 위 과제를 근거로 염료에 적절한 치환체를 도입하여 새로운 염료 3가지를 창조하고 조절된 색깔에 대하여 합리적 해설을 첨가하여라.

- 기존 염료의 이름

parietin morindone anthrapurpurin Alizarin alizarin yellow

methyl orange indophenol acridine yellow acridine orange

- 염료 계열

Acridine Anthraquinone Arylmethane Diarylmethane Triarylmethane

Azo Diazonium Nitro Nitroso Phthalocyanine Quinone-imine

Azin Eurhodin Safranin Indamins Indophenol Oxazin Oxazone

Thiazine Thiazole Xanthene Fluorene Pyronin Fluorone Rhodamine

4.6 단백질 2차구조

생체분자 중 아미노산과 단백질의 2차구조의 본질에 대하여서는 이미 3장에서 자세히 논한 바 있으므로 여기서는 실제 정규형태구조의 운동역학적 특성을 조사해 보기로 한다. 펩타이드 화합물은 이미 생체 거대분자를 만들어가는 출발점으로서 양자역학적으로는 접근하기 어려운 대상이므로 분자역학적 방법, 그 중에서도 생체분자의 모델링을 위하여 개발된 힘장 AMBER 혹은 CHARMM을 사용할 수 있다.

4.6.1 알파나선형과 베타판의 에너지

이들의 힘장을 내장하는 Hyperchem은 자체의 분자편집기에 정규형태구조를 정의해 놓고 있어서 아미노산의 서열만을 입력함으로서 알파나선형과 베타판을 편집할 수 있다. 여기서는 정규형태구주의 행동을 관찰하기 위하여 알라닌 6개로 이루어진 헥사펩타이드를 생성하였다. 정규형태구조 중 오른손회전 알파나선형, 평행베타판, 그리고 역평행베타판을 제작하였고 아미노말단과 카르복실말단의 전하를 중화시키기 위하여 아세틸기와 N-메틸기를 각각 도입하였다.

생성된 구조는 각각 AMBER 힘장의 기본파라미터에 의하여 편집된 것으로 결합 및 각도의 긴장(strain)을 풀고 주어진 형태구조의 기본 틀을 벗어나지 않는 한도 내에서 에너지 최적화를 수행하였다. 이때에 구조 최적화의 성분과 단계를 순차적으로 모니터링하기 위해 성분 및 총에너지, 그리고 기울기를 기록(log)파일에서 추출하였으며 그 결과를 표 4-14에 요약하였다. 최적화 단계는 초기구조에서는 약한 조건(허용한도 기울기(gradient) 1.0 kcal/A.mol)에서 최속강하법(SD)를 수행하고 이어서 강한 조건(0.3 kcal/A.mol)를 써서 결합기울기법(CG)을 수행하였다.

계산 결과에 의하면 결합각도와 이면각 및 정전기 인력의 에너지에는 큰 변화가 없으나 결합길이 및 반데르바알스 인력에 큰 변화를 보였다. 결합길이에는 표준 평균 결합파라미터의 한계를 말해 줄 수 있으며 반데르바알스 인력은 6-12 포텐셜의 최소값 경계에서의 에너지 차이가 클 수 있음을 말한다.

총에너지의 비교에서 알파나선형의 값이 절대적으로 낮은 값을 보이며 가장 안정한 구조임을 보이는데, 그 안정성에 가장 크게 기여하는 것은 반데르바알스와 정전기적 인력임을 알 수 있다. 즉, 나선형으로 i+4 주기로 이웃하는 잔기가 가까워지면 극성이 높은 아마이드그룹의 인력이 커질 수 있는 환경이 조성되는데 베타가닥의 경우에는 내부적으로는 그러한 인력요인이 찾아지지 않는 것이다.

베타판의 이러한 상대적 불안정성은 베타가닥만의 계산으로 수소결합이 배제된 상태에 의한 것으로 실제 상대가 존재하는 상태에서는 알파나선형과 큰 차이를 보이지 않을 것으로 생각된다.

4.6.2 정규형태구조의 안정화

위의 에너지 모니터링은 표 4-14에 요약한 구조의 변화와 일치하는 데이터를 보인다. 즉, 가장 큰 변화를 보이는 구조는 알파나선형으로 φ 와 ψ 의 값이 원래의 정규

표 4-14 | 정규형태구조의 구조 및 에너지 안정화

구 조	단 계	Bond	Angle	Dihedral	vdW	Electrostatic	Total E*	Gradient**
알파나선형	초기구조	12.027	3.095	48.428	1.996	−42.066	23.480	13.806
	최적화(SD)	0.572	1.693	47.617	−8.597	−42.367	−1.082	0.886
	최적화(CG)	1.453	3.752	41.769	−11.182	−47.247	−11.456	0.284
평행베타판	초기구조	12.027	3.095	57.706	13.669	−30.547	55.950	11.883
	최적화(SD)	0.389	0.795	58.075	2.927	−28.178	34.007	0.764
	최적화(CG)	0.710	1.805	58.436	0.071	−28.458	32.564	0.279
역평행베타판	초기구조	12.027	3.095	46.118	10.683	−30.154	41.769	11.560
	최적화(SD)	0.736	0.741	46.289	4.157	−27.985	23.938	0.935
	최적화(CG)	1.168	1.514	37.587	2.250	−32.272	10.246	0.299

* Energy in kcal/mol, Gradient in kcal/A.mol

표 4-15 | 정규형태구조의 변화

구 조		Initial peptide								Optimized peptide							
		Ace	A1	A2	A3	A4	A5	A6	Nme	Ace	A1	A2	A3	A4	A5	A6	Nme
알파나선형	ω	180	180	180	180	180	180	180	-	179	179	174	179	178	177	179	-
	φ	-58	-58	-58	-58	-58	-58	-	-	-51	-65	-70	-64	-66	-96	-	-
	ψ	-	-47	-47	-47	-47	-47	-47			-34	-38	-35	-42	-19	7	
평행베타판	ω	180	180	180	180	180	180	180	-	177	179	179	179	179	179	175	-
	φ	-119	-119	-119	-119	-119	-119	-	-	-116	-118	-117	-116	-117	-118	-	-
	ψ	-	113	113	113	113	113	113			113	112	112	112	112	113	
역평행베타판	ω	180	180	180	180	180	180	180	-	178	178	178	178	178	177	179	-
	φ	-139	-139	-139	-139	-139	-139	-	-	-148	-151	-155	-156	-153	-151	-	-
	ψ	-	135	135	135	135	135	135			158	159	158	159	162	171	

구조의 값에서 많은 변화를 보이는 반면 평행베타판에서는 정규형태구조가 거의 변화하지 않았음을 데이터에서 볼 수 있다. 또한 감지할 수 있는 것은 변화가 큰 알파나선형과 역평행베타판의 경우 변화의 방향이 한쪽으로 치우쳐져 있다는 것이다. 이것은 교과서가 되어있기는 하지만 표 3-1에 제안된(1968년) 라마잔드란의 구조파라미터가 알라닌을 딱딱한 공모델로 계산해 놓은 정규형태구조의 경직성 한계라 생각된다.

4.6.3 알파나선형의 수소결합

구조최적화 과정에서 또 하나 분석해 볼 수 있는 것은 수소결합의 변화이다. 알파나선형의 초기구조와 최적구조의 수소결합을 표 4-16에 수록하였다. 첫 번째 수소결합은 거의 원형을 유지하지만 두 번째 수소결합은 거리와 각도에서 원래 수소결합에서 상당히 멀어져 있다. 이러한 경우 그래픽 표현의 방법에서는 수소결합의 범위를 벗어나는 것으로 표현될 것이며 검색의 방법을 달리 해야 그 존재의 변화성을 파악할 수 있을 것이다.

표 4-16 | 알파나선형의 수소결합의 변화

	Acceptor(A)	Donor(D)	d(D–H)	d(D···A)	d(H···A)	a(D–H···A)
초기구조	O(A1)	N(A5)	1.01	3.02	2.04	165.7
	O(A2)	N(A6)	1.01	3.02	2.04	165.7
최적구조	O(A1)	N(A5)	1.01	2.99	2.02	161.7
	O(A2)	N(A6)	1.01	3.14	2.47	123.6

4.6.4 연습 – 알파나선형 Alanine과 Lysine, Arginine의 비교
베타판형 Alanine과 Lysine, Arginine의 비교

과제 4-6-1 : Alanine으로 구성된 정규형태구조와 Lysine, Arginine 등 긴 사슬의 아미노산으로 구성된 정규구조를 제작하고 그들의 에너지, 구조, 그리고 수소결합 등을 비교한다.

과제 4-6-2 : 위의 과제를 그래픽도구, 즉, 겹침구조나 라마찬드란식 도해를 이용하여 비교, 분석한다.

4.7 단백질 은행(Protein Data Bank)

4.7.1 단백질 은행의 역사

단백질 은행이 설립되게 된 동기는 두 가지 정도를 꼽을 수 있다. 첫째로 1970년대 들어서서 측정기술의 발달로 X-신 회설법에 의하여 밝혀진 단백질의 수가 축적되기 시작했으며 둘째로는 뉴욕의 브룩헤이븐에서 개발된 분자그래픽기술(BRAD : Brookhaven RAster Display)로 단백질의 3차원구조를 상세히 들여다 볼 수 있는 길이 열렸다는 것이다. 1969년에는 브룩헤이븐 연구소(Brookhaven National Laboratory)의 후원으로 Texas A&M 대학교의 E. Meyer 박사팀이 결정구조의 원자좌표를 상용형식으로 저장하고 기하학적 구조와 그래픽을 표현하는 프로그램 개발을 시작하여 1971년 SEARCH라는 이름으로 완결하였다. 1994년 이후, 이스라엘 Weizmann연구소의 J. Sussman의 지휘 아래 여러 가지 형시의 온라인 검색이 가능한 시스템으로 개발되어 오다가 1999년에는 오늘의 RCSB(Research Collaboratory for Strutural Bioinformatics)로 선수되었고 2003년 이후에는 Rudgers 대학교의 H.M. Berman 박사에 의하여 운영되며 wwPDB가 개설되어 국제적 조직으로 확대되었다. 현재는 PDBe(유럽), RCSB(미국), PDBj(일본), 그리고 BMRB(Biological Magnetic Resonance Data Bank; 미국) 등 4개의 기관에 의하여 관리 운영되고 있으며 교육과 연구에 관하여 전 세계에 제공되는 데이터은행인 것이다.

단백질 구조는 1976년 처음으로 13개의 구조가 입력된 것을 시작으로 2013년 5월 14일 현재 79,916개의 X-선 구조, 9,928개의 NMR구조, 545개의 전자현미경 구조, 그리고 그 밖의 방법에 의한 200여개의 구조 등 총 90,000개 이상의 생체분자의 구조가 저장되어 공개되고 있다.

어떤 방법이든, 구조를 결정하기 위한 실험데이터가 필요하게 된다. X-선 회절법에서는 결정격자 평면에서 반사되는 빛의 각도와 회절방식이며, NMR법에서는 원칙적으로 어떤 두 원자간의 거리정보이다. 또한 전자현미경에서는 분자 전체의 이미지 정보를 바탕으로 구조를 계산해 내는 것이다.

이 절에서 X-선, NMR, 그리고 전자현미경(EM; Electron Microscopy)에 의하여 결정된 구조의 정보와 특성을 비교하여 보기로 한다.

4.7.2 X-선 결정학

단백질의 3차원 구조를 X-선으로 알아내기 위해서는 단백질을 일정농도 이상으로 정제해야 하고 이를 다시 단결정(single crystal)의 형태로 석출시켜야 한다. 이 결정은 원자의 배열에 따라 수많은 원자평면을 가지고 있어 이 평면에서 반사되는 각도가 하나의 파라미터가 되고, X-선의 회절양식이 다른 하나의 파라미터가 되어서 이들을 통하여 공간적 전자밀도로 환산되며 이들은 다시 원자들의 위치좌표와 구조요인을 찾는 데에 중요한 데이터가 된다.

X-선 회절법은 단백질과 핵산 등 생체분자와 그 안에 같이 결정화된 리간드 및 결정수 등 모든 원자의 위치까지 아주 세밀한 정보를 제공해 준다. 그러나 이 방법의 한계는 일단 결정화가 전제되어야 하므로 결정형성이 잘 되지 않는 생체분자에는 적용하기 어렵다. 또한, 전체적인 결정화 뿐 아니라 부분적으로 유연한 부분의 원자들은 종종 불확실한 전자밀도를 가지기 때문에 실험적으로 '보이지 않아' 몇몇 원자들을 놓치는 경우도 발생한다. 이를테면 단백질 분자 내 수소원자들은 전자밀도가 너무 작기 때문에 X-선으로는 측정되지 않는다. 생체분자들은 완전한 결정을 형성하기도 하지만 어떤 경우에는 높은 불확실성을 보이기도 한다. 그것을 나타내는 수단 중 하나는 해상도로서 원자의 위치에 대한 평균 정확도를 resolution으로 표시하여 작은 값일수록 정밀한 결정구조임을 나타낸다. 또한 불확실성이 큰 경우에는 구조 해석프로그램을 통한 정밀화(refinement)를 실행하여 관찰된(불명확한) 원자위치와 계산된 위치와의 차이를 R value로서 나타낸다.

이러한 자세한 실험적 사실들은 결정구조를 단백질 은행에 제출할 때에 *.pdb 파일에 포함시켜야 하며 특히 실험적 측정방법, 구조정밀화 과정과 해상도 등을 REMARK 200~290에 순차적으로 기록하여 검증되어야 한다.

4.7.3 NMR 분광학적 구조결정

단백질의 구조의 NMR측정을 위해서는 일단 시료를 정제한 후 용액상태나 고체상태로 높은 자기장 - 일반적으로 자기장 600MHz 이상의 NMR 기기 - 안에서 라디오파를 이용하여 스핀 1/2을 가진 원자들의 신호를 측정한다. 이들의 신호 위치가 확인되면 여러 종류의 2D 및 3D 스펙트럼을 측정하여 인접하는 원자들의 거리정보(restraints)파일을 작성하여 거리기하학(Distance Geometry,[24])방법을 적용하는 것이다. 이때에 적용되는 실험방법들에는 2D의 $^{1}H-^{13}C$, $^{1}H-^{15}N$ 간의 HSQC, 3D의 CBCA(CO)NH, HNCO, HNCACB, HCCH-TOCSY, $^{1}H-^{13}C$, $^{1}H-^{15}N$ NOESY등의 방법을 사용한다. 이렇게 여러 가지 방법을 동원하여 단백질의 골격구조내의 원자들 간의 거리정보가 많이 확보될수록 찾아지는 형태구조의 정확도가 높아지는 것이다. 이들의 거리정보를 이용하여 구조를 찾는 계산과정에서 거리기하학을 기반으로 하는 분자동력학 모의실험이 정밀한 구조를 얻는 중요한 수단이다.

이 방법의 가장 큰 장점은 용액상 구조의 측정이 가능하다는 점이다. 현실적으로 결정화하기 힘든 생체분자를 바로 측정할 수 있다는 사실보다 더 중요한 것은 생체분자의 실질적인 존재환경 그대로의 유연성 있는 상태로 측정함으로서 생체분자의 구조와 역학적 기능에 대하여 보다 현실감 있게 해석할 수 있다는 것이다. 또한 X-선 결정구조에서 찾기 어려운 수소원자에 대한 정보를 NMR방법에서는 얻을 수 있다는 것이다.

이 방법의 단점은 적용할 수 있는 단백질의 크기가 아직은 제한되어 있다는 것이다. 그 주된 원인은 NMR 분광영역이 그리 넓지 않아서 많은 수의 신호들이 좁은 영역에서 겹치는 현상이 분자가 클수록 심각하다는 점이다. 즉, 신호의 분리도가 낮고 변별력이 떨어지는 것이다.

NMR 방법에 의한 구조의 특징은 거리정보가 완전할 수는 없기 때문에 실험데이터를 만족하는 형태구조의 수가 거리정보에 반비례하는 것이다. 이 사실은 거리정보는 100%를 얻을 수 없기 때문에, X-선에서와는 달리, 적게는 수십 개에서 많게는 몇 백 개의 형태구조가 생성되는 것이다. 이것을 합리적으로 관리하는 두 가지 방법이 있다. 첫째는 얻어지는 모든 구조를 분자역학적 에너지 순으로 나열하여 그 중 비교적 합리적이라고 판단되는 수를 앙상블 조합으로 모두 단백질 은행에 제공하는 것이다. 그래서 NMR로 얻어진 *.pdb 파일에는 "MODEL 20"과 같이 여러 개의 형태구조가 같이 제공되는 것이다. 물론 이들 여러 개의 구조는 거리정보의 부족함으로 서로 다른 구조이지만 주어진 거리정보는 모두 만족하는 형태구조인 것이다. 여러 개의 구조를 하나씩 비교해 볼 때에 유사성이 많은 부분은 거리정보가 충분하고 구조적으로 명확한 부분이라 보이지만 유사성이 적은 부분의 해석은 원래 유연성 있는 부분인지 아니면 정보부족일 뿐인지는 다른 요인과 더불어 해석하는 수밖에 없을 것이다. 또 다른 방법은 얻어진 구조를 기하학적으로 평균하여 에너지 최적화하여 제시하는 것이다.

NMR 측정의 실험적 사항들은 REMARK 210 ~215/217 항에 기록되어 있다.

4.7.4 전자현미경에 의한 구조결정

고체상태로 만들어진 생체분자에 직접 전자의 빔을 쪼여 얻어지는 3차원 영상이 구조 결정의 시작이다. 전자의 빔은 원자 하나하나를 볼 수 없으므로 실제로는 어느 정도 잘 만들어진 결정을 여러 각도에서 촬영하여 얻어지는 영상을 합성하여 3차원 구조의 정확성을 높이는 것이며 현실에서는 X-선과 NMR 측정 자료와 결합하여 응용함으로서 여러 분자의 복합체의 구조를 밝히는데 이용되고 있다고 한다.

전자현미경의 실험정보는 *.pdb파일의 REMARK 245, 247 항에 기록된다.

4.7.5 Ligand Explorer

단백질 은행의 웹사이트에는 생체분자구조에 대한 일반적 정보 이외에도 자바응용(JAVA application) 프로그램으로 3차원구조를 운전하여 본다든지 상호작용의 존재와 중요성을 가늠할 수 있는 분석도구를 제공한다. 그림 4-6의 Ligand Explorer의 화면을 보면 아미노산 서열 정보와 더불어 단백질 사슬은 모두 실선으로 나타내고 리간드와 금속이온 등은 '공과 막대모델' 로 표시되어 있다. 리간드의 이름과 번호는 *.pdb 파일의 표시와 일치하며 리간드와 상호작용을 하는 아미노산 잔기는 실선 사슬에서부터 가는 막대로 구체화 하였다. 구조해석의 자료인 거리정보는 왼쪽 하단의 선택 값에 따라 그래픽 화면에 색깔별로 점선으로 표시된다. 상호작용은 수소결합,

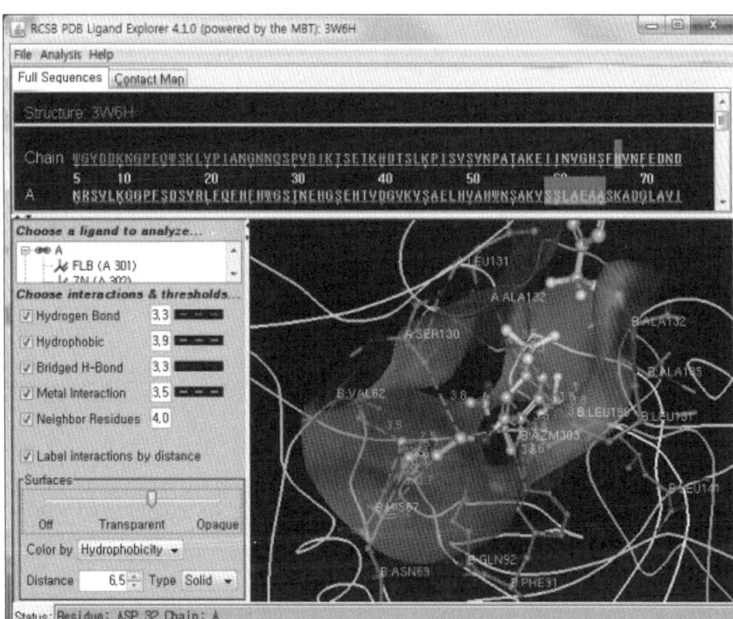

그림 4-6 | 단백질 은행의 Ligand Explorer 화면. Y. Takaoka 등의 단백질 id 3W6H.PDB [46]의 데이터를 이용하여 작성하였다.

소수성 상호작용, 금속이온과의 거리, 근접잔기 및 결합표면을 색깔의 강도로서 선택할 수 있도록 도와주고 있다. 물론 정량적인 데이터는 따로 다른 분석도구를 사용하는 것이 정확할 것이다.

4.7.6 연습 – NMR 구조의 분석

과제 4-7-1 : NMR에 의하여 결정된 단백질-약물 복합체를 하나 찾아내고 그 구조와 연관된 거리정보 파일을 구한다.

과제 4-7-2 : 위에서 구한 단백질-약물 복합체에서 여러 개의 형태구조 중 5개 정도를 합리적 근거로 선별하여 그들의 에너지, 구조를 비교, 분석한다.

4.8 효소 단백질과 기질분자 – Enzyme and Substrate

단백질과 같은 생체분자의 기능과 역할을 연구하는 데에는 단백질 은행의 자료와 분자역학적 모델링 기술이 중요한 수단이 되고 있다. 단백질 은행의 데이터 중 많은 양을 차지하는 것 중의 하나가 생체 효소(enzyme)와 기질(substrate)의 복합체인데 최근에 연구되고 발표된 경우를 인용하여 데이터의 구조와 내용 및 분석방법을 관찰하여 보기로 한다.

4.8.1 포도의 보라색 물질

식물들의 섭생과 인간의 영양에 중요한 역할을 하는 것으로 알려진 것 중 최근 항산화물질(antioxidant)인 안토시아닌(anthocyanin)에 대하여 많은 연구가 되고 있다. 특히, 필수 식품이 범위를 넘어서 기호품에 속하는 적색 또는 보라색 과일과 적색포도주 중의 항산화 효소와 물질을 다룬 P. Petit[47] 등의 연구에서는 *vitis vinifera* [48]의 플라보놀 환원효소(dihydroflavonol 4-reductase; DFR)의 결정구조를 발표하여 그 기능을 밝혀보고자 하였다. 이 논문에 연결된 단백질 은행의 id는 2C29.PDB 로 효소단백질과 보조효소 및 기질이 같이 결정화되어 있는 구조이다.

4.8.2 복합체의 결합상태

이 효소는 안토시아닌과 탄닌(Tannin)의 생체내 합성의 마지막 단계에서 촉매작용을 하는 것으로 알려져 있고 결정구조에는 산화형의 보조효소 NADPH(nicotinamide adenine dinucleotide phosphate)와 DFR의 전형적인 기질의 하나인 플라보놀 DQH(dihydroquercetin)가 3중 복합체로 포함되어 있다. DFR에는 뉴클레오타이드를 수용하는 구조적 도메인인 Rossmann fold[49]가 있어 NADP가 결합되어 있고 근처에 플라보놀 DHQ가 자리하고 있다. DHQ의 접합된(fused) 고리는 거의 평면에 가깝고, 나머지 하나의 고리는 접합고리와 거의 수직의 각을 이룬다. 이 분자의 두 개의 sp3 탄소는 비대칭탄소이며 저자는 RR형 혹은 SS형이 있을 수 있다고 보고하였으나 여기서는 RR형으로 확인되었다.

DHQ는 NADP와 가까운 위치에서 니코틴아마이드기와 긴밀한 상호작용을 하는 것으로 관찰된다. 모든 -OH기와 카르보닐 O는 주변의 아미노산잔기와 수소결합을 하고 있으나 유독 중간 고리내의 산소는 수소결합에 관여하지 않고 있다. 저자의 논문은 특히 펩타이드의 131~156 번째 아미노산의 역할에 주목하고 있으며 기질과 결합하는 부위로 보고 있다. 특히 133번의 Asp 또는 Asn잔기는 기질을 인식하는 잔기로 해석하고 있는 것이다(그림 4-7). 이와 같이 기질은 효소 단백질과 아주 강한 결합을 하고 있으며 NADP와 같이 DFR 효소의 활성부위를 완전히 차지함으로서 용매가 접촉할 수 있는 표면적을 현격히 낮추고 있다고 한다.

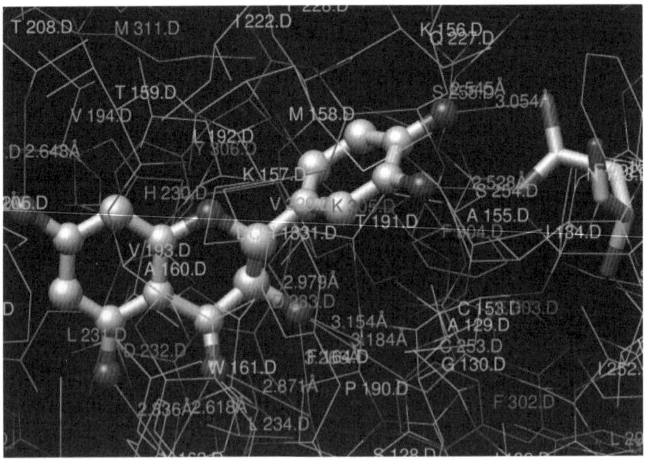

그림 4-7 | 포도종 *vitis vinifera*에서 발견되는 플라보놀 환원효소 DFR과 기질 DQH간의 수소결합 – P. Petit[47]의 단백질 2C29.PDB의 구조에서 DQH(공과 막대모델)과 효소의 133번째 Asn 잔기(막대모델)와의 수소결합을 거리정보와 함께 파란 선으로 표시하였다. 오른쪽 상단에 Asn-133의 ND2와 DQH의 O23간 거리 2.528Å과 Asn-133의 OD1과 DQH의 O24 원자와의 거리 3.054Å의 이중 수소결합으로 DFR과 DQH의 강한 결합을 확인할 수 있다.

4.8.3 연습 – 효소 단백질과 기질사이의 상호작용

과제 4-8-1 : 2C29.PDB에서 DFR과 DQH의 소수성 상호작용을 그래픽으로 표현하고 NADP와의 가능한 모든 상호작용, 즉, 소수성, 다리수소결합 등을 표 4-16의 형태로 요약한 다음 정보의 함량을 극대화 하여 그래픽으로 표현한다. 또한 NADP가 결합된 Rossmann fold내에서의 결합상황을 해석한다.

4.9 수용체 단백질과 길항제 분자 – Receptor and Antagonist

생체분자의 다른 종류 중에는 신호전달의 기능을 하는 수용체(receptor)단백질이 있다. 수용체에 대해서는 수용체의 기능을 상승시키는 작용제(agonist)가 있고 기능을 저해하는 길항제(antagonist)를 구분할 수 있다. 최근 생물학계에 다양한 신경전달물질의 중요성이 잘 알려져 있는 만큼 여러 종류의 분자수용체와 그의 작용제 및 길항제들의 원자수준의 구성과 기능이 밝혀지고 있다.

글루타민산염은 중추신경계에서 흥분 작용을 유발시키는 것으로 잘 알려진 신경전달물질로서 그 수용체 단백질의 구조가 2000년대에 들어와서 여러 가지 형태가 밝혀져 있다. 그 하나의 전형을 다음에 소개하고자 한다.

4.9.1 수용체의 작용제와 길항제

수용체는 일반적으로 작용제 분자에 의한 결합체 형성으로 그 순기능을 신경계에 전달하는 기능을 한다. 글루타민산염을 작용제로 가지는 수용체 연구 중 A.I. Sobolevsky 등[50]의 연구에서는 3KGC.PDB를 제공하였으며 이 구조에는 두 개의 단백질 A와 B가 같이 결정구조를 이루고 있다. A와 B의 아미노산 서열은 정확하게 같으며 라마찬드란 도식을 이용하여 분석하면 미세한 오차범위 내에서 같은 2차 구조를 가지고 있다. 그러나 복합체의 구조에서는 A와 B가 큰 차이를 보이고 있다. 즉, A에는 작용제(agonist)로서 글루타민산염이 결합되어 있고 B구조에는 다른 분자, [[3,4-dihydro-7-(4-morpholinyl)-2,3-dioxo-6-(trifluoromethyl)-1(2H)-quinoxalinyl]-methyl]phosphonic acid, ZK1, 가 결합되어 있다. 이 분자는 크기나 3차원 모양에 있어서 유사성을 찾기가 어려운 구조를 보이고 있다. 그러나 저자들은 이 ZK1이 글루타민산염과 경쟁하는 경쟁적 길항제(competitive antagonist)라고 정의한다. 그 근거는 무엇일까?

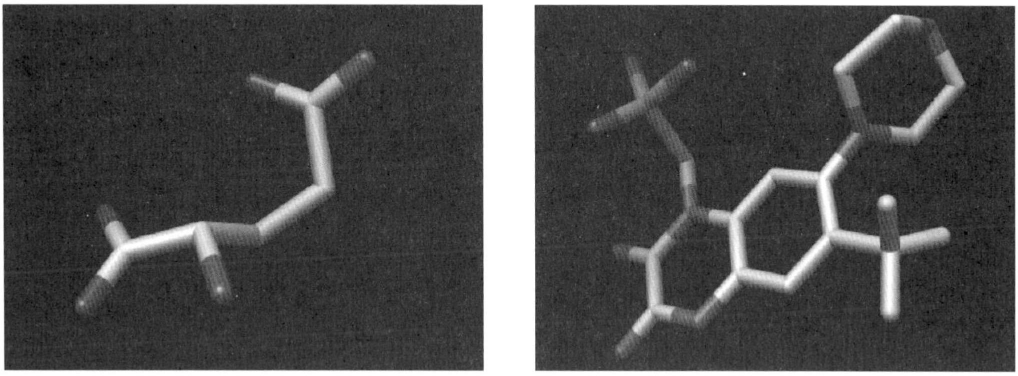

그림 4-8 | 글루타민산염과 [[3,4-dihydro-7-(4-morpholinyl)-2,3-dioxo-6-(trifluoro-methyl)-1(2H)-quinoxalinyl]-methyl]phosphonic acid, ZK1의 구조

4.9.2 경쟁하는 분자

우선 글루타민산염이 수용체 단백질에 어떤 방식으로 들어앉아 있는지를 살펴보기로 한다. 수용체는 일반적으로 작용제 분자에 의한 결합체 형성으로 그 순기능을 하는데 비하여 경쟁적 길항제는 원래의 리간드 자리를 차단하므로서 신호전달을 방해하거나 역효과를 유발하는 경우를 말하고 대항작용은 길항제가 제거되면 작용제의 기능이 회복되는 가역적인 경우가 많다. 그에 반하여 비경쟁적 길항제는 수용체나 그 효과를 해당위치에서 제거하므로서 효과를 나타내지 못하게 하는 비가역적인 경우를 말한다.

위의 A.I. Sobolevsky 등의 논문의 본질적인 내용을 깊이 다루지는 않겠으나 여기서는 두 가지 중요한 구조적 문제를 언급하고자 한다. 글루타민산염 수용체 3KGC의 단백질 A에 결합된 글루타민산염은 수용체의 Pro-89, Thr-91, Ser-142, Glu-193, Arg-96, 그리고 Thr-143과 총 9개의 수소결합을 이루고 있고 수용체 B의 ZK1은 Pro-89, Thr-91, Ser-142, Glu-193, Arg-98, 및 Thr-174와 총 8개의 수소결합을 이루고 있다. 이 수소결합들은 사실상 정확하게 1:1 대응하는 것으로 같은 강도의 극성결합을 이루고 있음을 보여준다.

이번에는 소수성 상호작용은 어떤지 살펴보기로 한다. Chimera의 분석기능으로 소수성결합이 가능한 잔기를 찾아보면 A와 B의 경우 정확히 수용체의 Tyr-61의 벤질기가 글루타민산염의 CB원자와 그리고 ZK1의 벤젠환의 탄소와 거의 같은 평균거리(A: 3.45~3.76Å, B: 3.51~3.78Å)로 상호작용하고 있음을 그림 4-9에 구체적으로 나타내었다.

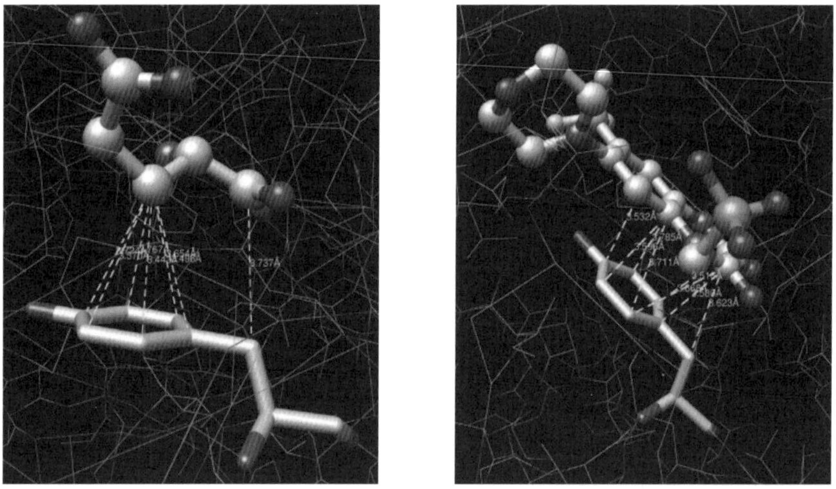

a b

그림 4-9 | a) 작용제 글루타민산염과 수용체의 Tyr-61과의 소수성 결합으로 평균거리 3.45~3.67Å를 보이고 그 외에도 Leu-138, Thr-143, 및 Glu-193과도 소수성 상호작용을 찾을 수 있다. 또한 b)의 Tyr-61은 경쟁적 길항제 ZK1와 유사한 세기의 소수성결합(3.51~3.78Å)의 상호작용을 보이며 또한 Glu-13, Thr-174, 그리고 Met-196과도 소수성 결합을 나타낸다. 공과막대 모델은 글루타민산염(a)과 ZK1(b)를 나타내고 단백질의 실선 중에 타이로신-61을 막대모델로 강조하였다.

이 분석 결과로 판단하면 ZK1과 글루타민산염은 구조적 유사성이 거의 없는데도 불구하고 극성 수소결합과 비극성 소수성결합의 양상이 정확히 일치하여 서로 경쟁하는 관계에 있을 수밖에 없음을 알 수 있다.

4.9.3 연습 – 수용체와 작용제 및 길항제의 상호작용

과제 4-9-1 : 3KGC.PDB에서 단백질내에 위치한 글루타민산염과 리간드로 들어가 있는 글루타민산염의 형태구조를 적절한 분석도구를 써서 비교, 분석한다.

과제 4-9-2 : 3KGC.PDB에서 자용제(글루다민산염)와 길항제(ZK1)의 수소결합, 다리수소결합, 소수성결합을 정량적으로 분석하여 도표로 표시한다.

과제 4-9-3 : 3KGC.PDB에서 작용제(글루타민산염)와 길항제(ZK1)은 구조적 유사성이 거의 없다. 그럼에도 불구하고 수용체 내에서는 같은 결합형태를 보이고 있다. 그 구조적 근거를 찾아서 그래픽 도구를 이용하여 합리적으로 표현한다.

4.10 분자동력학 1 – 기체상태의 아스피린

분자의 안정성을 분자역학적 위치에너지의 크기로 표현하고 가장 안정한 상태를 찾기 위해 에너지 최소화 또는 구조 최적화과정을 수행한다. 그러나 2.5절에서 본 바와 같이 위치 에너지의 최소화만으로는 가장 안정한 최저에너지에 도달할 수 없는 경우도 있음을 알았다. 이에 따라 다른 성질의 에너지원의 필요성을 알게 된다. 즉, 분자계는 절대 0도가 아니면 기본적인 운동에너지를 가지고 있으므로 분자가 처한 열적 상태에 따라 열에너지, 즉, 운동에 따른 에너지를 고려해야 함을 2.6절의 분자동력학에서 언급하였다.

분자동력학의 다른 관점에서의 필요성은 우리가 다루는 분자계는 통상적으로 많은 수의 분자를 고려해야 하는 통계적 분자계라는 것이다. 분자계의 물리적 성질은 결국 많은 수의 분자들의 에너지 분포에 따른 물리량의 평균치에서 얻어지는데 실제로 많은 수의 분포상태를 얻는 것의 다른 방법으로 입자들의 시간적인 변위를 자연적으로 유도하여 그로부터 많은 수의 분자집단, 즉 앙상블을 생산해 내는 것이다.

분자계의 동력학 시행은 초기구조가 위치에너지만을 가지고 있으므로 외부의 열원으로부터 운동에너지를 도입하는 것으로 시작한다. 시작은 낮은 온도에서나 적절한 온도에서 볼츠만분포에 따른 원자의 평균속도를 예측하여 운동을 유발시킨 후 일정한 속도로 온도를 적정온도에 도달케 하고 평형화 시켜 분자 내 원자들이 운동하는 방식을 실제에 가깝도록 모방하는 것이다. 이 분자동력학의 과정에 논리적, 기술적 모순이 없다면 분자계는 자연스러운 운동을 진행한다고 보는 것이며 그로부터 얻어지는 단일구조, 또는 시간별로 얻어지는 구조를 축적해 놓으면 일정한 수의 앙상블 구조를 얻게 되는 것이다.

4.10.1 아스피린의 분자동력학 모의실험

우선 아스피린 분자를 가상해 보면 표 4-6에서 아세틸기와 카르복실기의 결합에서 각각 2개씩의 이면각이 전체적 형태구조의 중요 변수임을 알 수 있다. 이 이면각의 유연성을 예로 분자동력학을 수행해 보고자 한다.

적용되는 분자역학의 힘장을 일반 유기분자를 위한 MM+로 설정하고 아스피린 한 분자만을 단독으로 계산하는 경우를 진공안 또는 기체상태의 모의실험(vacuum simulation)이라 할 수 있다. 따라서 정전기 인력의 계산을 위한 극성은 원자전하가 아닌 결합의 극성으로 설정하는 것이 합리적이라 생각된다.

분자의 축조에서부터 구조 최적화의 과정은 4-4절을 참조하여 실행한 최소에너지 구조를 출발점으로 분자동력학의 기본설정을 입력한다. 운동에너지도입을 위한 가열시간(heating time)은 2.0ps로 하여 출발온도 0.0 K에서 단계별(temperature step) 10 K간격으로 온도를 상승시켜 최종 300 K에 도달하게 한 후 일정온도(constant temperature)에서 운동하도록 한다. 가열 후 열원과 분자계와의 열교환시간(relaxation time)은 0.1초로 설정하고 계속하여 3.0 ps 동안 동력학을 실행한다.

분자움직임을 기록하는 시간 간격(time step)은 0.5 fs 로 하는데 이는 가장 빠른 진동을 가지는 C-H결합을 추적하기 위한 최대한의 시간이며 이 보다 길면 C-H의 움직임을 정확히 추적할 수가 없고 이보다 짧으면 연산시간이 길어지므로 그들의 관계를 고려하여 설정하여야 한다. 2-6절의 병합원자(united atom)방식을 사용한다면 2.0 fs까지 길게 할 수 있어 4배의 연산시간 단축효과를 볼 수도 있다. 0.5 fs간격으로 계산할 경우 5.0ps의 계산결과는 10,000개의 형태구조가 얻어진다는 결론이다. 이 구조들을 모두 저장하는 것은 실제로 의미가 없으므로 운동역학의 연속성은 유지하되 구조 저장과 데이터 추출간격(data collection period, average period)을 20-50정도로 설정하여 계산과정에서 에너지와 구조파라미터의 평균치를 기록하고 구조도 저장하면 합리적 관리가 될 것이다.

여기에 실행한 예에서 파라미터의 기록에는 앞서 언급한 아스피린 분자의 4개의 이면각을 비롯하여 메틸기의 탄소와 카르복실산의 수소간의 거리를 추적하기 위하여 파라미터로 정의하였다. 운동역학의 모니터링을 위해서 위치 및 운동에너지와 총에너지, 그리고 온도를 추적할 수 있다.

이러한 분자동력학과 같은 복잡한 과정의 수행은 컴퓨터와의 대화방식(interactive)보다는 매크로나 스크립트 언어로 많은 파라미터나 변수의 설정값을 미리 편집하여 배치파일로 한 단계에 실행하는 것이 오류를 줄일 수 있으며 대부분의 윈도우기반 프로그램도 이런 매크로방식을 지원하고 있다. 부록에 분자동력학 모의실험에 대한 Hyperchem 고유방식의 스크립트파일을 제시하였으며 표 4-17에 분자동력학의 설정내용을 기록하였다.

4.10.2 분자동력학 실험결과의 분석

초기의 위치에너지가 최적화된 구조를 출발로 시행한 모의실험은 2.0ps 동안의 운동에너지의 도입시기에 이어 분자계의 열적 안정기에 도달하기까지의 3.0ps의 과정을 살펴보았다. 그림 4-10은 분자동력학의 기록 중 에너지프로파일을 도식한 것

표 4-17 | 분자동력학 모의실험의 설정내용

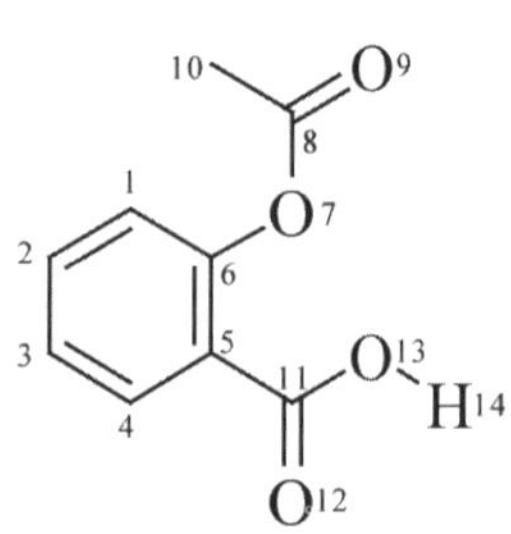

Molecular dynamics protocol			
Basic set-up		Geometry parameters	Initial values
Molecule	Aspirin – $C_9H_8O_4$	φ (5-6-7-8)(°) ; aba-co	180
Number of Atoms	21	φ (6-7-8-9)(°) ; aba-oc	180
MolForce Field	MM+	φ (6-5-11-12)(°) ; abs-cc	180
Simulation	Vacuum	φ (5-11-13-14)(°) ; abs-co	180
Polarity	Dipole	λ (10-14)(Å) ; d-CH	6.91
MD parameters			
Heating time	2.0ps	Starting temperature	0.0 K
Running time	3.0ps	Simulation time	300 K
Time step	0.0005 ps	Temperature step	10 K
Constant temperature	On	Bath relaxation time	0.1 ps

이며 0.0K 온도의 영점 운동에너지가 온도의 상승에 따라 동반상승함을 볼 수 있다. 초기의 평균 10 kcal/mol 정도의 위치에너지가 온도평형에 도달하면서 20 kcal/mol 정도로 상승함은 온도와 운동에너지에 따른 긴장상태의 발현으로 보는 것이 합당할 것이다. 열적 평형은 가열과정이 끝나고도 1ps 정도의 시간이 지나서 온도 동요가 가라앉은 후인 3ps 정도가 되는 것이다.

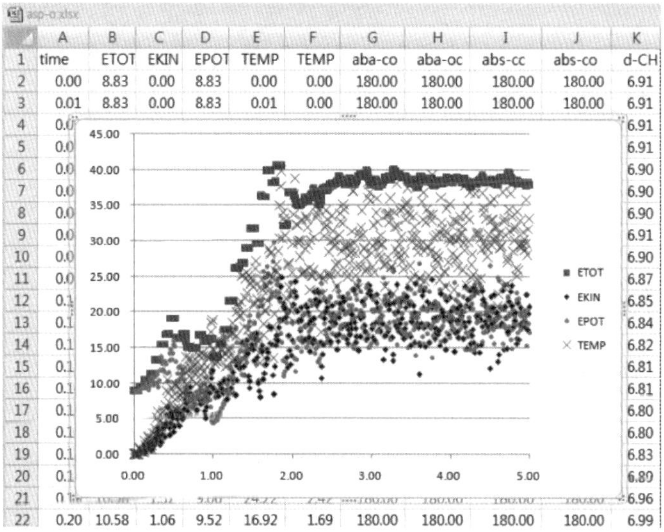

그림 4-10 | 아스피린의 분자동력학 모의실험에서 얻어지는 에너지 프로파일. ETOT, EPOT, EKIN은 각각 kcal/mol 단위의 총에너지, 위치에너지 및 운동에너지를 나타내며 온도 TEMP는 에너지와 같은 화면에 비교하기 위하여 0.1을 곱한 값으로 표현하였다. 분자동력학 진행중의 분자운동을 출력물의 Excel 파일에서 직접 추출하여 해석하였다.

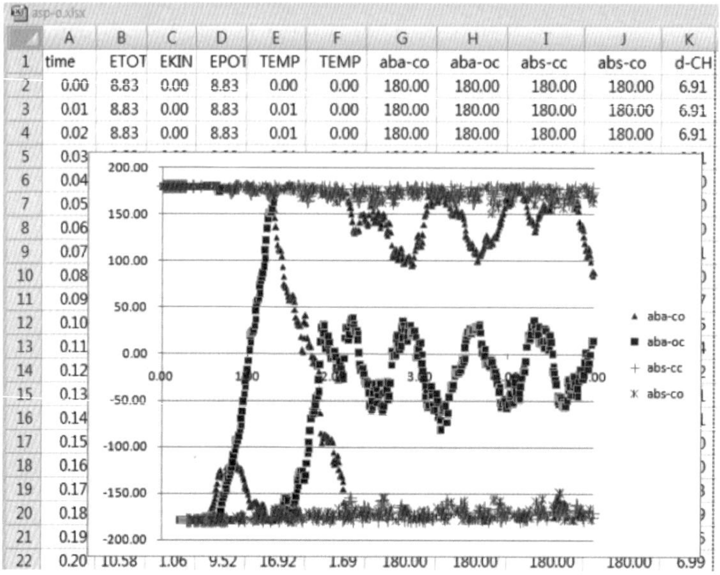

a

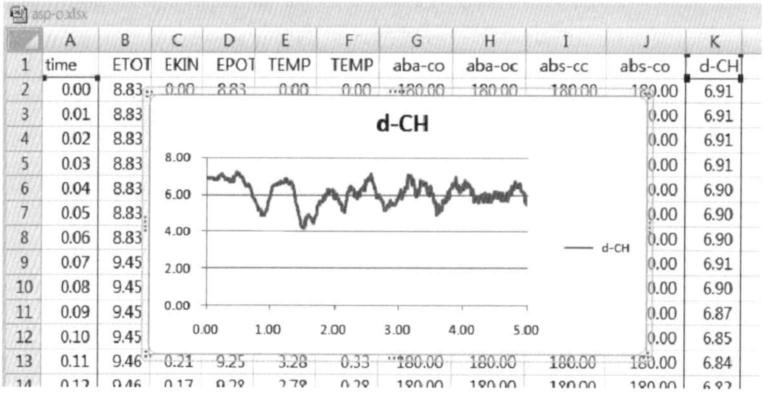

b

그림 4-11 | 아스피린의 구조파라미터의 운동 프로파일. a) 카르복실기는 벤젠환과 평면을 이루는 상태로 안정화 되어 가지만 아세틸기는 온도평형이후 대략 0.7ps의 일정한 주기로 회전하는 모양을 보여주며 b) 메틸기와 수소간의 거리도 어느 정도 이 주기와 동기화되어 있음을 보여준다.

에너지변화를 수반하는 구조적 변화를 살펴보면 아스피린 분자에 존재하는 3개의 평면의 관계를 그림 4-11의 a)에서 알 수 있다. 전체적으로 아세틸기와 카르복실기는 벤젠환과 평면을 이루는 평균시간의 길이가 길다. 즉, 카르복실기는 5ps 시간의 전 과정동안에 $\varphi_{(6-5-11-12)}$(abs−cc)와 $\varphi_{(5-11-13-14)}$ (abs−co)가 180 전후에 머무르는 운동을 보이고 아세틸기는 초기의 가열과정에서 360도의 회전과정을 한번 거친 후에는 대략 0.7 ps 주기로 회전함을 −80 ~ +40도 정도의 회전각 $\varphi_{(6-7-8-9)}$(aba−oc)에서 알 수 있다. 그 옆의 각도 $\varphi_{(5-6-7-8)}$(aba−co)는 물론 $\varphi_{(6-7-8-9)}$와 연동되어 있으므로 180도를 중심으로 교차하는 것이다. $\varphi_{(6-7-8-9)}$가 0도 중심운동을 한다는 것은 아세틸기의 산소가 벤젠환 쪽으로 위치해 있고 메틸기는 카르복실기 쪽으로 기울어져 있음을 표현하는 것이다. 그림 4-11의 b)에서는 아스피린 분자 내에서 가장 멀리 떨어질 수 있는 두 개의 원자, 즉 메틸기의 탄소와 카르복실기의 수소간의 거리 $\lambda_{(10-14)}$를 추적하였다. 여기에서도 a)의 아세틸기의 운동방식에 따라 거리는 2ps 이후에 0.7ps 주기로 진동함을 확인할 수 있는 것이다.

4.10.3 연습 – 형태구조의 유연성

과제 4-10-1 : Lisinopril과 Metoprolol 약물분자의 분자동력학실험을 설계하여 보고 그 결과를 효과적으로 분석할 수 있는 파라미터 조합을 찾아서 실행한다.

4.11 분자동력학 2 – 용액속의 아스피린

진공 안에서의 분자의 동력학 모의실험 결과가 실제로 그렇게 진행된다고 하더라도 그런 환경하의 분자계에 관심을 가질 사람은 사실은 없다. 분자계는 환경과의 관계적 행동이 더 관심의 대상일 수밖에 없는 것이다. 그리하여 순차적으로 분자계를 실제와 유사한 환경에 접근시키며 모의실험을 진행시킨다. 여기서는 수용액 안에서의 아스피린 분자를 가상한 모의실험을 수행하기로 한다. 아스피린 분자가 물에 잘 녹는 물질은 아니지만 수소결합 또는 친수성 상호작용이 가능한 구조이므로 모의실험은 현실적 사실에 일치하지 않아도 가상의 경험에는 아무런 문제가 되지 않는다. 용액의 모의실험은 2-9절의 주기적 복제상자를 사용하여 수행한다.

4.11.1 용액 내에서의 분자동력학 모의실험

출발점은 4.10절과는 다르게 표 4-10에서 AM1방법으로 계산한 전하를 가지고 구조적으로 최적화된 아스피린 분자를 AMBER 힘장에 적용시킨다. AMBER힘장은 부분전하가 계산된 TIP3P[51] 물분자 모델을 용매로 제공하므로 비결합성 상호작용은 결합극성(bond dipole)이 아닌 구체적 부분전하(atomic charge)를 사용하여 계산토록 한다.

표 4-17에서 측정된 파라미터를 가진 초기구조를 주기적 복제방법을 위한 정방형 상자(cubic box)에 넣는다. 측정된 초기 아스피린의 크기는 6.9*2.7*6.7Å 정도이며 프로그램이 제시하는 안정적 상자크기 19*19*19Å보다 약간의 여유를 주어 20*20*20Å의 상자를 설정하였다. 이것은 265개의 TIP3P 분자를 채울 수 있는 주기적 상자가 된다. 이 상자 안에 아스피린분자를 '녹이기' 위해서는 아스피린의 모양에 해당하는 부피의 물분자를 제거하고 아스피린을 끼워 넣는다. 그 결과 253개의 물분자가 아스피린의 21개 원자를 둘러싸고 모두 780개의 원자로 구성된 아스피린

수용액이 작성되었으며 그림 4-12에는 정방형 상자안의 용매 환경하의 아스피린 분자를 보여주고 있다. 용질분자는 원래 에너지 최적화를 이미 수행했으나 이 물상자안에 끼워 넣는 과정에서 용질과 용매 분자간의 부분적 마찰 혹은 진공상태가 있을 수 있으므로 다시 한 번 용매와의 구조최적화가 필요하게 된다.

이렇게 구성된 780개의 원자들 간에는 결합성 계산항목보다는 비결합성 상호작용, 즉, 정전기인력 및 반데르바알스 인력의 개수가 기하급수적으로 많아지기 때문에 컴퓨터 연산시간에 큰 부담을 주게 된다. 그래서 실제로는 불필요한 계산항목을 찾아내어 계산에서 제외시키면 연산시간을 줄일 수 있기에 찾아낸 방법이 절단한계(cutoff)의 도입이다. 즉, 일정거리 이상 떨어진 원자와의 상호작용을 무시할 수 있으므로 연산목록에시 제외시키는 것이다. 이 방법을 시행하기 위해서 프로그램은 매 단계별로 각 원자에서 일정거리(cutoff radius)안에 있는 계산 상대방의 목록을 작성하여 그 원자들과의 상호작용만을 계산하는 것이다. 실제에 있어서는 오차를 조금 더 줄이기 위하여 이중의 한계를 설정하는데 내부한도(inner radius)안의 상대방과는 보는 상호작용을 정확히 계산하고 외부한도(outer radius) 바깥쪽의 대상물과는 상호작용을 완전히 무시하는 것이다. 외부와 내부한도 사이의 중간 대상물에 대해서

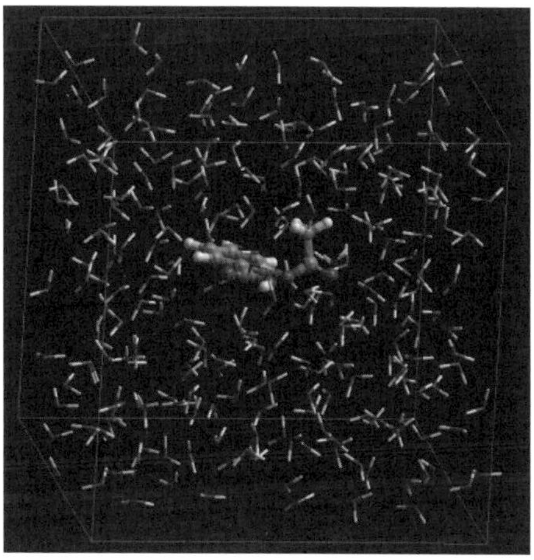

그림 4-12 | 주기적 복제상자안의 아스피린과 용매 TIP3P 분자 – 시각적 구별을 위하여 분자의 표시방법을 달리하였으며 용질분자 아스피린 자체는 구조최적화를 거쳤으며 이 상태는 분자동력학을 시행하기 직전상태를 보여준다.

는 상호작용의 크기를 거리에 반비례 하도록 줄여나가는 방법을 쓴다. 위와 같이 설정된 20Å상자에 대해서는 외부한계를 10Å를, 그리고 내부한도는 6Å정도가 기본값으로 설정된다.

또한 계산에 고려해야 할 항목은 1-4 상호작용인데 이것은 1-4결합, 즉 결합을 3개를 사이에 둔 결합을 말하는 것으로 이 두 원자 간의 정전기인력 및 반데르바알스 인력은 과장될 가능성이 있으므로 계산값을 일정비율로 감소시키는 것이 합리적이라는 아이디어에서 각각 0.5정도의 인자를 곱하여 계산하는 것이다.

이런 기본 설정값을 기반으로 앞에서 용매와의 마찰을 완화(relaxation)시킨 용액

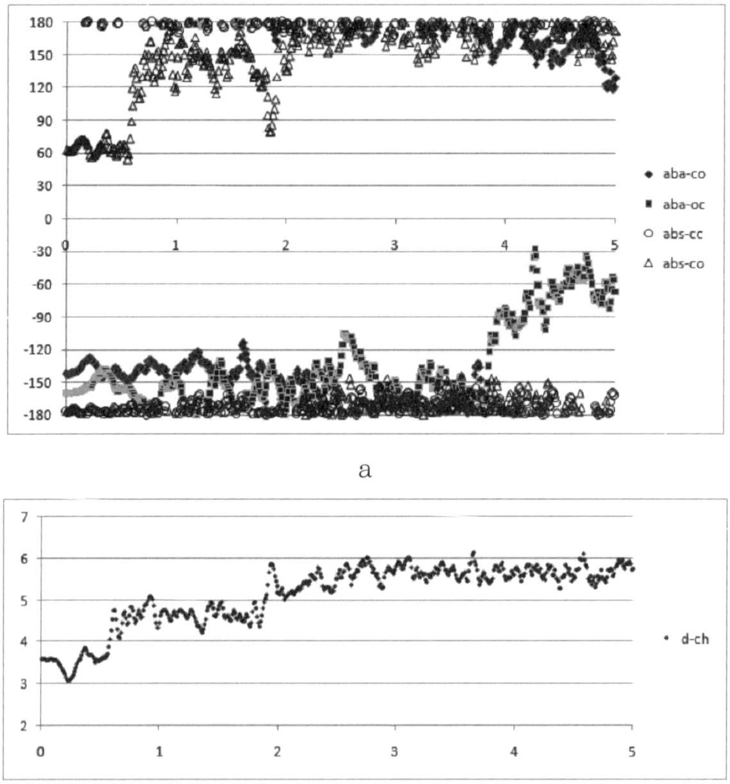

그림 4-13 | 수용액 안에서의 아스피린 구조의 시간적 변화 a) 카르복실기는 진공상태에서와 유사한 평면을 이루지만 4ps 이후 아세틸기는 벤젠환과 수직을 이루려는 변화를 보여준다. 이러한 변화는 b) 메틸기와 카르복실산의 수소간 거리를 일정하게 유지하며 일어나는 변화임이 특이한 현상이다.

상자를 대상으로 분자동력학을 수행하되 나머지 설정은 4.10.1절의 방법에 준하여 실행할 수 있다. 진공의 모의실험과 비교하기 위해 같은 길이의 시간범위에서의 모의실험을 수행하였다. 그 실험수행의 과정은 부록 3에 수록하였다.

4.11.2 용액 내에서의 분자동력학 실험결과의 해석

분자동력학의 에너지 프로파일은 진공상태에서의 진행과 유사한 과정을 보여주었으며 여기 기록을 생략하였다. 다만 에너지의 절대값만이 253개의 용매분자로 인하여 큰 값을 보였다. 온도와 총에너지 행동이 유사함은 두가지 모의실험 자체의 실행이 매우 안정적이라는 사실을 말해 주고 있다.

이 에너지의 유사성과 아울러 구조적 변화 중 일부는 진공상태와 유사함을 보인다. 즉, 카르복실기의 평면성은 여기서도 거의 유지되고 있음을 그림 4-13 a)의 abs-cc와 abs-co의 변화에서 확인할 수 있다. 또한 메틸기와 카르복실산의 수소와의 거리도 초기에는 다른 값으로 출발하였으나 시간이 지나며 같은 6Å대로 수렴함을 두 가지 모의실험에서 볼 수 있다.

그러나 아세틸기의 행동은 진공상태와는 차이를 보이고 있다. 우선 전체적으로 운동성이 상당히 둔화되었다는 것이다. 즉, 일정한 주기성을 보이던 현상이 없어졌으며 아세틸기의 메틸과 카르보닐기의 평면은 벤젠환과 일정한 평면성을 유지하다가 4ps 이후에는 평면을 벗어나 수직의 상태를 중심으로 변화함을 나타낸다. 주기성의 상실은 비교적 단순하게 해석할 수 있다. 즉, 용매분자의 존재가 자유로운 회전성을 허용하지 않으며 어떤 장애를 넘어야 되기에 운동이 완화된다고 볼 수 있다. 그렇게 둔화된 운동상태에서 아세틸기는 4ps이후부터는 전체적 평면상태에서 벗어나 수직을 이루려는 경향을 보인다.

그러면 이 5ps의 모의실험으로, 그것도 열적 평형의 2ps를 제외한 3ps의 모의실험으로 이 아스피린 분자의 형태구조적 운동성을 얼마나 더 길게 예측할 수 있을까?

그러나 분자동력학이 할 수 있는 예측은 여기까지 이다. 즉, 5ps 이후에 구조가 어떤 방향으로 변화할지는 일정 시간구간을 더 실행해 볼 수밖에 없는 것이다.

4.11.3 연습 – 용매분자와의 수소결합

과제 4-11-1 : 용액상의 분자는 용매분자와 수소결합을 형성할 수 있다. 아스피린 분자가 용매와 평형을 이룰 때에 용매와 수소결합을 몇 개나 형성할 수 있는지 찾아보자. 또한 이 수소결합이 분자동력학 모의실험이 실행되는 동안에 어떤 방식으로 변화하는지를 연구해 본다.

과제 4-11-2 : 말레인산은 구조적으로 분자내 수소결합을 가질 수 있다. 분자내 수소결합을 가지는 형태구조를 만들고 이 분자가 진공 안에서, 그리고 상온에서 분자동력학 모의실험을 할 때에 분자내 수소결합의 행동을 추적한다.

과제 4-11-3 : 말레인산을 수용액속에서 분자동력학을 실행할 때에 분자내 수소결합의 행동을 위의 4-11-1의 경우와 비교한다. 또한 분자내 수소결합과 분자간 수소결합, 즉, 말레인산과 물분자간의 수소결합의 시간 점유율을 비교 표현할 수 있는 분석방법을 고안한다.

4.12 분자동력학 3 – 아스피린과 인지질 분해효소 복합체

이번 절에서는 아스피린 분자가 실제적 기능을 수행하는 환경 안에서의 동력학을 수행해 보고자 한다. 아스피린에 관한 최근 연구 중에 인지질분해효소 PLA2(phospholipase A2)와 아스피린의 복합체에 관한 결정구조(1OXR.PDB)가 보고되어 있다. 이 x–선 결정구조에는 아미노산 119개로 구성된 915개의 단백질원자가 13개의 아스피린 원자, 한 개의 칼슘원자, 그리고 105개의 물분자가 함께 결정을 이루고 있다. R.K. Singh[52] 등에 따르면 아스피린 분자는 효소 PLA2의 소수성 결합주머니(binding pocket)에 위치해 있으며 한편으로는 카르복실기의 음이온성 산소가 칼슘이온과 공유결합성 길이를 유지하고 있음을 관찰하고 있다. 또한 양이온성 칼슘이온 그 자신은 주변의 히스티딘–48과 아스파트산–49의 극성 곁가지와 팔면체형의 착물형성으로 볼 수 있는 거리를 두고 있음을 분석하였다.

일정한 범위내의 공유결합성 길이들이 보여주는 것은 이들의 상호작용이 결합이상의 중요성을 가질 것이라는 것이며, 이 절에서 유연성을 시험할 수 있는 분자동력학적 모의실험으로 그들의 상호작용의 변화를 실시간으로 추적해 보고자 한다.

4.12.1 효소단백질 구조 손질 - 수소원자의 삽입과 원자전하

실험적으로 얻어지는 x–선 결정구조는 전자밀도의 관찰에 의한 원자위치의 확인이다. 그리하여 전자밀도가 작은 수소원자의 위치는 직접적으로 확인하기 어렵다. 이는 특히 펩타이드 결합 이외에 극성 곁가지를 가진 아미노산의 이온화상태를 직접 확인하기 어려움을 뜻하며 모의실험계산에서 무시할 수 없는 수소원자를 보충할 때에 중요한 문제가 된다.

단백질의 아미노산들은 힘장을 선택하면 모든 원자의 원자형태(atom type)가 기본 데이터베이스에서 불러들여져 설정되지만 PDB 입장에서 보는 비표준 유기분자들의 경우에는 *.pdb 파일에 원자형태에 관한 정보가 부족하기 때문에 파일 형태를 적용하는 힘장에 맞게 변환 설정해 주어야 한다.

단백질 1OXR.PDB의 결정을 석출시키는 생화학적인 환경은 pH=6.0으로 보고되고 있어 이 단백질내의 아미노산 라이신, 아르기닌, 히스티딘은 양이온성 곁가지로 수소화시키고 아스파트산과 글루타민산은 음이온으로 결정할 수 있다. 다른 아미노산들과 물분자들의 부족한 수소들을 채우는 것은 모든 모델링프로그램들의 기본기능에 속하므로 자동적으로 채워질 수 있을 것이다. 아미노산 이외의 기질분자, 즉 아스피린은 카르복실기의 음이온성 산소가 칼슘과 2.83Å이므로 수소를 채울 필요가 없을 것이다.

아울러 확인할 것은 원자들의 전하인데 모든 표준 아미노산들의 경우 사용중인 힘장, 즉, amber94의 원자타입에 따라 내장된 원자전하를 수용할 수 있으며 칼슘이온의 경우에는 일반적인 +2가의 전하를 할당할 수 있다. 아스피린 분자는 일반적인 힘장에 내장되어 있지 않으므로 2.3절이나 4.4.1절의 방법으로 전하를 계산하여 따로 입력해 주어야 한다. 여기서는 아스피린 분자의 전체 전하가 −1.0임을 전제로 다시 AM1의 방법으로 계산한 값을 사용하기로 한다. 단백질, 기질, 칼슘이온의 모든 전하를 합하여 중성이 되지 않으면 Na^+나 Cl^-이온을 첨가하여 중화시킬 수 있으나 현재의 예에서는 전체 전하가 0.0이었기에 그대로 사용하였다.

실제로 Na^+나 Cl^-이온을 삽입할 경우 그 위치가 임의로 지정되기 때문에 이 이온 주위로는 밀도 높은 전기장이 형성되므로 진공의 모의실험에서는 이 부분에서 원자들의 뒤틀림이 일어날 수 있으므로 용액 내에서의 모의실험에서 중화를 사용하는 것이 주변의 용매분자들에 의하여 강한 전기장이 상쇄되므로 뒤틀림 없는 모의실험이 될 것이다.

4.12.2 효소-기질 복합체의 파라미터 설정

복합체에서 아스피린 분자의 분자내 구조파라미터는 4.10 및 4.11절의 것과 동일하게 설정하여 비교가 가능하도록 할 수 있다. 그 외에 복합체 내의 분자간 상호작용 중 중요한 것들을 단백질은행의 Ligand Explorer를 이용하여 추려보았다. 이는 주로 몇 가지 상호작용의 형태와 특싱에 따른 것으로 일정 거리 이내에 들어오는 원자들끼리의 거리를 기준으로 선별하였다. 이를테면 다음의 표 4-18에는 아스피린과 효소단백질간의 수소결합성 상호작용, 소수성 상호작용, 그리고 칼슘이온과 단백질의 배위결합성 상호작용을 정의하고 나열하였다.

분자동력학적 운동과정에서 이 파라미터들이 어떤 변화와 안정화를 보이는지는 아스피린분자 하나만의 문제가 아니며 효소와 공존하는 금속이온, 또는 용매분자와의 관계 속에서 해석될 수 있으므로 이 파라미터들을 주요 추적변수로 취급하였다. 여기서 분자내부의 기하학적 형태구조에 관한 변수들에는 이미 분자 결합으로 정의되어 있으므로 결합에너지 이외에 다른 힘을 작용시킬 필요가 없으나, 효소-아스피린-칼슘 3성분 원자간에는 일반적 결합이 정의되어 있지 않았음에도 표에서 보듯이 공유결합성 거리를 보이고 있다. 이 길이가 효소-기질, 또는 칼슘과 효소간의 특별한 관계를 상시 유지하는 의미가 있을법한 변수이므로 이 길이에 적절한 물리적 힘을 부여함이 좋을 것이다. 이러한, 일반적으로 결합이라 볼 수 없지만 결합에 준하는, 인력이 존재한다고 볼 때에 분자역학적 계산에서는 거리제한 함수(restraining function)를 적용시켜 일정한 한도 내에서만 역학적 운동을 허락할 수 있다.

이러한 거리제한 함수로는 보통 조화진동자의 2차함수를 쓰는 것이 보통이며 흡사 (2-1)식과 같은 결합에너지 모델링함수를 사용한다. 이때의 힘의 상수는 대상 상호작용의 크기를 합리적으로 가늠하여 개별적으로 또는 일괄적으로 설정하여 모델링할 수 있을 것이다. 여기서는 물분자가 관여된 상호작용을 5 kcal/mol.Å^2 정도로 보고, 수소결합성의 상호작용을 7.0, 그리고 칼슘이온의 배위결합성 상호작용을

10.0kcal/mol.Å^2 정도로 모델링하였다. 또한 분명히 어떤 일관된 모양을 보이는 소수성 상호작용도 무시할 수 없으므로 5.0 kcal/mol.Å^{2}의 힘을 주어 분자동력학적 계산에 고려하였다.

이러한 설정은 임의성이 존재하지만 문제는 동력학의 결과가 과연 화학적 물리적 상식에 어긋나지 않는 선에서 합리적 결론을 보여주는가, 또는 그러한 해석을 할 수 있는가를 토론해 보면 우리가 설정하는 가정, 또는 힘의 상수에 대한 추정치가 합리적이었는지를 알 수 있을 것이다. 만일 그렇지 않다면? 그러면 추정치를 다시 예측하여 시행착오적 과정을 반복할 수 있는 것이다. 물론 이러한 반복과정이 헛된 과정이라고 보기도 어렵고 또한 무한히 실행해도 되는 '공짜'의 과정이 아닌 것도 사실이다.

표 4-18 | 아스피린-PLA2 복합체의 구조적 파라미터와 이름

	Aspirin internal	Parameter name	K*	X-선 구조 (1OXR.PDB)	5ps MD 구조
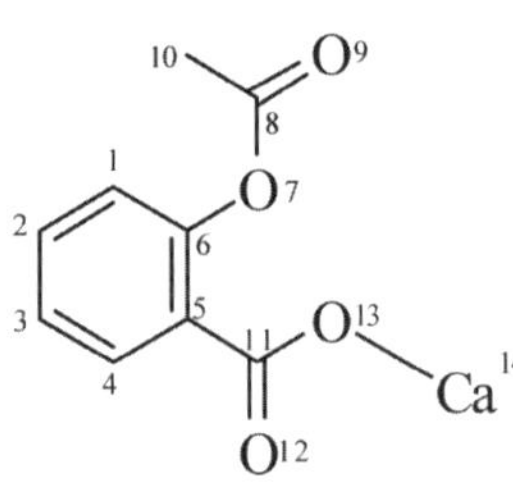	$\varphi_{(5-6-7-8)}$(°)	aba-co	0.0	-96.900	-91.090
	$\varphi_{(6-7-8-9)}$(°)	aba-oc	0.0	-156.160	164.656
	$\varphi_{(6-5-11-12)}$(°)	abs-cc	0.0	-179.700	157.916
	$\varphi_{(5-11-13-14)}$(°)	abs-co	0.0	-141.753	174.844
	$\lambda_{(10-14)}$(A^2)	d-oc	0.0	5.092	4.635
상호작용의 형태	Aspirin-Ca-PLA2				
수소결합	O13 - HN(Gly29)	d-o-hn29	7.0	2.171	3.621
	O13 - O=C(Tyr28)	d-o-co28	7.0	3.217	2.212
	O13 - O=C(Asp49)	d-o-co49	7.0	3.044	4.274
결정수 물분자와 작용	O13 - O(H_2O252)	d-o-w252	5.0	2.500	2.647
	Ca - O(H_2O122)	ca-o122	5.0	2.824	2.350
소수성	C3 - Ca(Gly29)	d-c3-ca30	5.0	3.578	4.273
	C10 - Ca(Gly29)	d-c-ca30	5.0	3.426	4.070
	C11 - C(Gly29)	d-cx-c30	5.0	3.814	4.171
	C3 - Ar(Phe05)	d-ar-ar05	5.0	3.868	3.502
배위결합성	Ca - O13(Aspirin)	d-oca	10.0	2.825	2.313

Ca − O=C(Gly29)	ca−co29	10.0	2.456	2.311
Ca − O=C(Tyr28)	ca−co28	10.0	2.455	2.416
Ca − O=C(Gly30)	ca−co30	10.0	2.519	2.387
Ca − O1(Asp49)	ca−co49	10.0	2.692	2.254
Ca − O2(Asp49)	ca−ox49	10.0	2.515	2.372

* K : Force constant in kcal/mol.A^2

4.12.3 분자동력학의 실행

복합체내에서 기질과 효소 분자의 특정원자들간의 구조파라미터의 설정이 완료되면 전체 복합체계를 용매에 담글 준비가 완료된 셈이다. Hyperchem 의 주기적 반복상자를 적용하면 우리의 아스피린-PLA2복합체를 수용할 수 있는 적절한 크기를 제시하며 그 값은 x,y,z 값이 각각 56.1Å, 56.1Å, 56.1Å인 상자였으며 그 안에 복합체를 제외한 공간에 들어가는 물분자의 수는 5013개였다. 그림 4-14는 용액의 환경에 들어있는 아스피린과 PLA2복합체의 주기적 복제상자를 보여주고 있다.

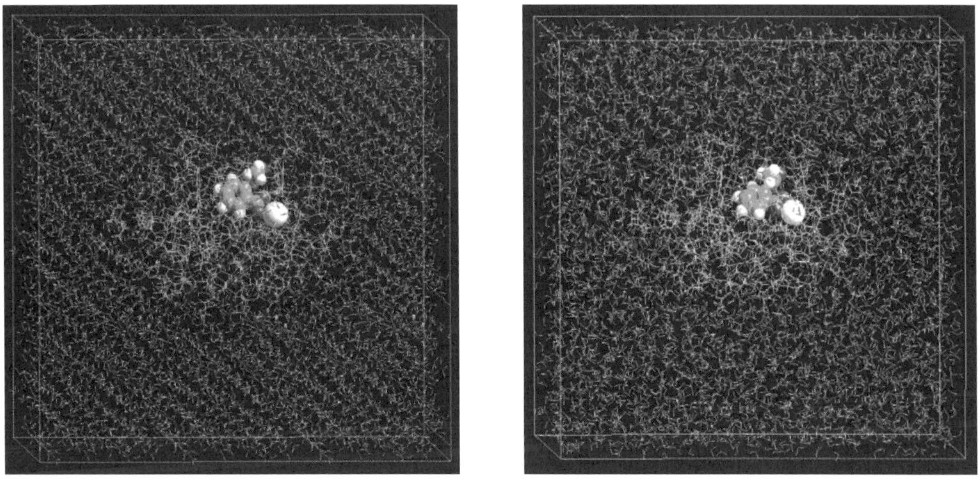

그림 4-14 | 아스피린과 칼슘(공모양)이 결합된 PLA2가 5013개의 TIP3P 물분자에 담겨있는 주기적 복제상자; a) 초기구조와 b) 5ps의 분자동력학 모의실험 후의 형태구조 – 기질분자는 1-48번 아미노산 잔기로 구성된 윗부분의 결합주머니에 배치된 모습을 보인다.

여기서 다시 한번 강조할 것은 분자의 크기의 계산결과를 바탕으로 복제상자를 설정하고 물분자의 개수를 계산하여 만든 상자이기 때문에 물분자들과 용질 분자의 계면에는 음과 양의 마찰 또는 충돌이 있다. 따라서 이들의 이완을 위해 기하학적 구조최적화를 실행해야 한다. 즉, 일반적으로 사용하는 최속강하법과 결합기울기법에 의한 이중의 최적화를 시행하면 무리한 원자간 마찰과 충돌상태는 제거될 수 있다.

그 이외의 사항들은 4.11.1절에서 언급한 내용이 거의 그대로 적용될 수 있을 것이며 이를 정리하여 부록 4에 스크립트 파일을 제시하였으며 이를 바탕으로 가열과정 2ps, 실행과정의 3ps를 수행하였다. 이 복합체의 모의실험은 4.11절의 아스피린 수용과는 조성과 규모가 많이 다르기 때문에 연산시간이 매우 중요한 요소일 것으로 추정된다.

실제 이 아스피린-PLA2 복합체의 17,136개 원자로 이루어진 계를 부록에 제시한 5.0 ps의 시간범위로 스크립트파일의 설정대로 진행시킬 경우 Intel Core i3 데스크탑에서 약 29.33시간을 필요로 하는 것으로 관찰되었다. 이 5.0 ps의 시간길이는 분자계의 특성을 합리적으로 예측하기에는 너무도 짧은 기간이지만 여기서는 여러 가지의 모의실험 방법론의 실질적 문제들을 검토하기 위해서는 이렇게 얻어진 5.0 ps의 결과의 해석을 우선 집중적으로 토론해 보는 것이 중요할 것이다.

4.12.4 효소-기질 복합체 운동력학적 특성

이 절에서의 실험과 유사한 환경은 4.11절의 용액상의 아스피린 단일분자의 행동일 것이다. 그리하여 그 비교 대상도 용액상의 아스피린의 행동에 국한하는 것이 좋을 것이다.

아스피린분자 내부의 형태구조는 전반적으로는 아세틸기가 벤젠환의 평면과 90도 정도의 각도를 중심으로 오르내리며 카르복실기는 벤젠환과 평면을 유지하는 모습을 보여주고 있다(그림 4-15 a). 이런 행동은 모의실험의 출발 직후부터 5ps의 실험

종료시까지 유지됨을 보였고, 그림 4-13의 a)와 같은 단순한 수용액 상에서는 어떤 계기가 주어지면 자유로운 회전이 가능한 반면, PLA2와의 복합체에서는 초기의 구조에서 큰 변화를 보여주지 않음을 확인할 수 있다.

복합체의 운동성에 대해서는 아스피린 분자와의 관계에서 확인이 가능하다(그림 4-15 b). 아스피린의 카르복실기 산소이온과 이웃하는 글라이신의 N원자와의 거리는 가열과정이 끝나는 2ps 근처에서 급격한 변화를 보이지만 다른 아미노산과의 수소결합성 상호작용은 일정한 값을 유지한다. 특히 글라이신과의 관계가 타이로신과 아스파트산과의 상호작용보다 변화의 폭이 심한 것은 잔기의 크기에 따른 운동성에서 기인한다고 보아도 좋을 것이다. 그러나 단백질과 기질분자와의 관계의 변화가 모든 것을 말하지는 않는 것도 사실이다. 즉, 아미노산 잔기마다 그 처한 위치, 즉, 2차 구조 내에서의 위치가 다르면 자체의 운동성도 차이가 나게 마련인데, 이러한 역학적 특성은 다른 방법을 사용하여 연구해야 할 것이다.

소수성 상호작용도 일정한 형태롤 보여주는데 그림 4-15 c)에서 아스피린의 벤젠환과 아른 아미노산의 탄수들과의 기리는 일정한 값 3.9Å에서 5 ps 근체에서는 4.1Å의 값으로 안정화되어가는 모습을 보인다. 반면에 아스피린의 메털기와 글라이신의 Cα와의 관계는 일정 주기로 반복됨을 보이는데 그것은 아세틸기의 O-C결합의 회전주기와 그림 4-15 a)의 aba-oc, 그림 4-15 b)의 d-oc와의 패턴이 거의 일치함으로 확인할 수 있다.

칼슘이온과 7개의 배위자들과의 운동력학은 그림 4-15 d)에서 확인할 수 있다. 물론 0~2ps 사이의 가열과정 중에는 변화의 진폭이 작지만 그 이후 5ps까지의 시간에는 2.3~2.4Å의 값으로 안정화 된다.

이러한 변화의 추세를 보면 앞으로 크게 달라질 것 같지 않아 보이지만, 그것은 모의실험 계산에 적용한 힘의 상수의 크기에 의존한다고 볼 수도 있다. 다시 말하면, 앞의 그림 4-15의 a)의 aba-oc, b)의 d-o-co28, 그리고 c)의 소수성 결합길이 중 어떤 것은 감소하고 어떤 것은 증가하는 추세를 보이는 것은 힘의 상수가 잘못 설정되어서 나타난 결과인지, 아니면 이 분자 복합계의 특성 자체가 그런 것인지는 면밀히 검토되어야 할 사안인 것이다. 그러한 검토의 방법으로는 파라미터의 설정을 조절한다든지 모의실험방법을 달리해 본다든지 수없이 많은 방법이 있을 것이라 본다.

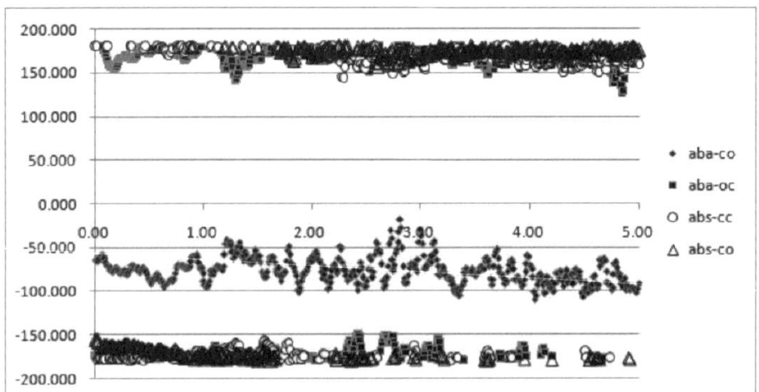

a

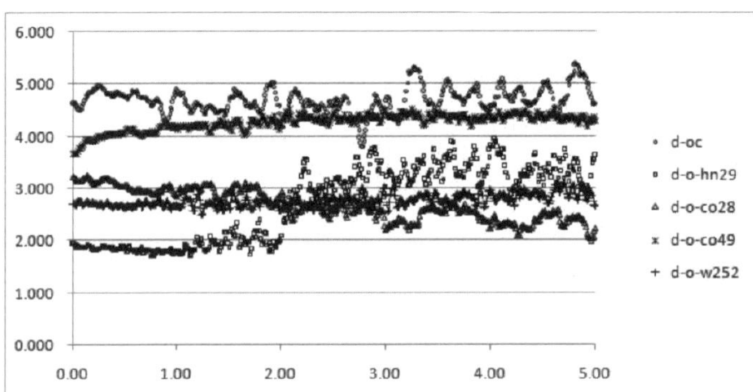

b

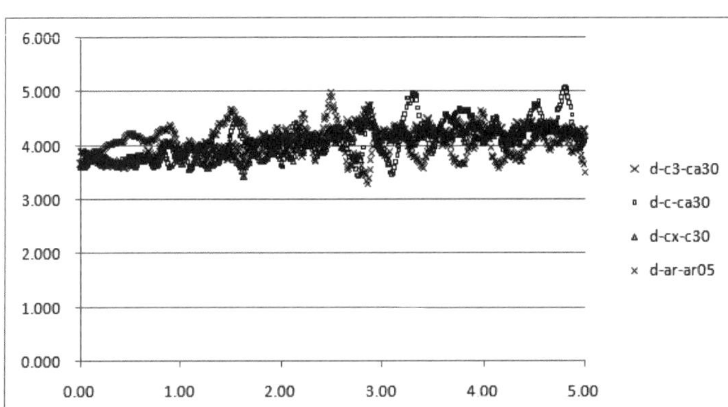

c

(그림 4-15 다음페이지에 계속)

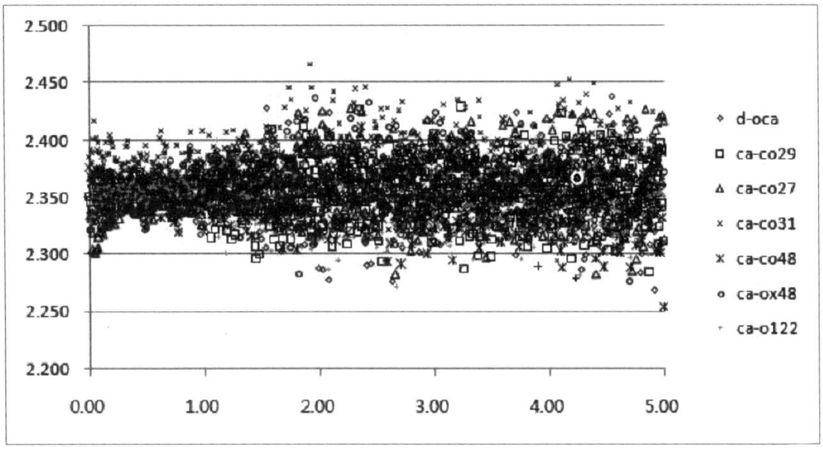

그림 4-15 | 아스피린-PLA2복합체의 5ps 분자동력학모의실험의 분석결과 – a) 아스피린 분자내부의 형태구조 변화, b) 아스피린과 PLA2의 아미노산과의 수소결합성 상호작용, c) 아스피린분자의 벤젠환과 단백질내의 아미노산과의 소수성 상호작용, d) 칼슘이온과 아미노산 및 아스피린의 전자쌍 주개에 의한 배위결합성 상호작용.

4.12.5 연습 – 분자동력학의 응용

과제 4-12-1 : 위의 아스피린-PLA2복합체의 5ps 모의실험을 재현하여 보고 여러 종류의 구조파라미터의 힘의 상수를 달리 설정하여 모의실험을 시행하여 위의 결과와 비교, 해석한다.

과제 4-12-2 : 위 과제에서 얻은 결론을 바탕으로 5ps 이후를 설계한다.

과제 4-12-3 : 단백질은행에서 아스피린과 다른 단백질의 복합체를 검색하고 위의 방법에 따라 분자동력학적 모의실험을 설계, 실행하되 이 실험으로부터 아스피린 분자의 역학적 행동을 비교, 분석한다.

4.13 랑제방(Langevin) 동력학 – 가상(implicit) 용매효과의 적용

지금까지 분자동력학이 분자가 처한 실제상황을 모사하기 위한 시도였고 그로부터 상당히 실제적이고 합리적인 결과를 얻을 수 있음을 보았다. 그러나 그 반면 실제 원하는 대상물보다도 훨씬 많은 수의 용매분자를 포함시켜야 하고 따라서 원자의 수에 따라 기하급수적으로 연산의 수가 많아지는 현상을 보았다. 즉 아스피린-PLA2복합체의 경우 용액 내에서의 계산 5ps의 결과를 얻기 위해 2일 이상의 시간을 소비함을 보았으며, 이 5ps의 시간길이와 그로부터 얻어지는 형태구조의 수는 실제에 있어서는 현실적으로 유용한 데이터와 구조를 얻기에는 턱없이 부족한 시간인 것이다. 따라서 랑제방(Langevin) 동력학은 용매의 마찰계수를 도입하여 간접적으로 용매에 의한 공간적 운동제한 효과를 모사함으로서 물질의 운동력학적 특성을 계산상으로 재현해 보고자 하는 것이다.

4.13.1 모의실험 결과 분석

Hyperchem 상에서 용매효과를 모방하는 마찰계수를 도입한 스크립트파일을 부록 5에 확인할 수 있다. 이 절에서는 2.8절에서 설명한 랑제방 역학을 수행하여 4.10절의 진공상태와 4.11절의 수용액 안에서의 결과와 비교해 보고자 한다.

에너지와 온도의 변화는 큰 차이를 보이지 않는다. 그러나 기하학적 형태구조의 변화는 각각 차이를 보이고 있다. 우선 간접적이나마 용매효과를 확인할 수 있는 것은 그림 4-11의 아세틸기의 주기적 회전현상이 여기서는 두드러지게 완화 되었다는 것이다. 즉, 0.7ps 정도의 주기로 벤젠환에 대하여 회전하던 이면각의 주기가 약 1.0ps정도로 둔화된 것이며 반면 진폭이 커진 것이다. 또한 두 원자간의 거리(d-ch)도 미세한 요동현상이 없고 완만한 변화를 보이는 것이 용매의 존재를 어느 정도 모사하고 있음을 알 수 있다.

용매를 구체적으로 계산에 포함시킨 주기적 복제상자 방법과 비교하면 분자동력학을 다른 측면에서 해석할 수 있을 것이다. 실제로 용매가 존재하는 환경 안(그림 4-13)에서는 용매의 저항으로 주기적 회전은 관찰되지 않으며 원자단의 운동력학적 변화가 다름을 알 수 있다. 자세히 관찰하면 진공이나 랑제방 동력학에서는 주변의 저항요인이 없으므로 자유로운 형태구조의 변화가 가능하여 진폭이 큰 운동현상을 볼 수 있으나 실제 용매를 모사하면 형태구조의 큰 변화 대신 미세한 원자단의 요동현상(fluctuation)이 더욱 눈에 띄는 것이다. 즉, 랑제방 역학의 용매효과는 원자수준의 마찰을 잘 고려하지만 분자내부의 전체적 형태구조의 변화에는 미치지 못하는 것으로 해석된다.

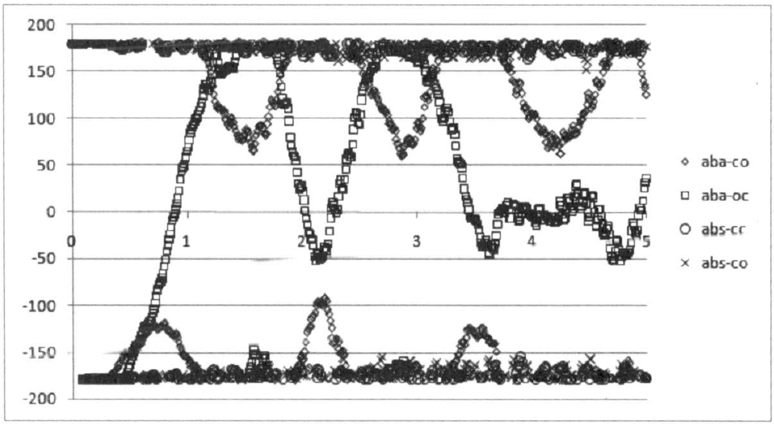

a

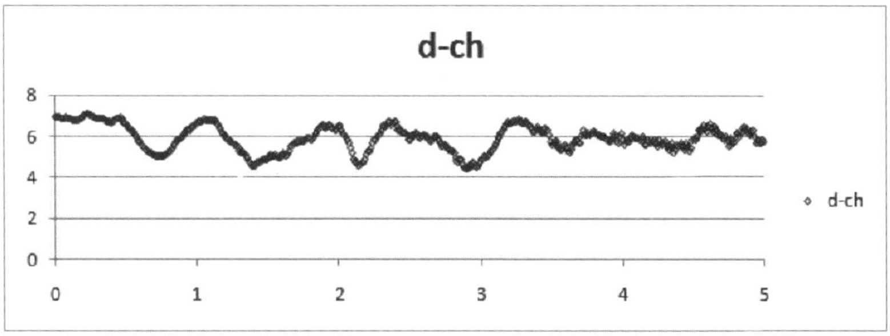

b

그림 4-16 | 아스피린의 5ps 랑제방 동력학 모의실험의 결과 – a) 아스피린의 벤젠환과 아세틸기의 이면각(aba-oc)의 주기와 진폭이 그림 4-11의 진공상태와 다르다. b) 두 원자간의 거리의 변화도 아무런 장애요인이 없이 자유운동하는 진공안에서의 동력학에 비하여 완만함을 알 수 있다.

4.13.2 연습 – 랑제방 동력학의 응용

과제 4-13-1 : Imidapril과 Alprenolol 약물분자의 진공상태, 주기적 용매 복제상자, 그리고 랑제방 동력학을 실행한 후, 세 가지 동력학실험을 비교, 해석한다.

4.14 몬테카를로(Monte Carlo) 모의실험 – 용액속의 아스피린

일반적으로 몬테카를로 모의실험은 분자계의 평균적 열역학적 성질을 계산하거나 비평형상태에서 분자계의 형태구조를 검색하는 데에 적절한 도구이다.

동력학 실험의 일반적 방법은 일반 분자동력학이나 랑제방 동력학적 실행방법으로 유사한 파라미터를 적용히지만 다만 연속적 시간함수를 사용하지 않고 통계적 단계별로 계산을 수행한다. 따라서 역학적 온도와 좌표변위의 값을 분포적 무작위 함수로부터 설정한 후 일정부분 변화된 구조를 검색하는 방법을 거친다. 분자동력학이나 랑제방 동력학에서는 일정시간 경과 후 시간평균치로서 앙상블평균치를 유도하지만 몬테카를로에서는 통계적 앙상블로부터 직접 앙상블평균치를 얻어낸다. 실제로는 충분히 긴 시간의 분자동력학이나 많은 단계의 몬테카를로 모의실험을 계산할 경우, 원칙적으로 두 방법이 비슷한 결과를 가져다 줄 것으로 예상된다. 그러나, 이론적으로 분자동력학 방법은 분자의 회전운동 주기나 변환속도와 같은 시간의존성 성실을 계산할 수 있지만 몬테카를로 방법은 형태구조 검색에 보다 적합하고 평균적 성질을 유도하는 데에 적합하나.

이 절에서는 수용액의 분자동력학과의 비교를 위하여 같은 수의 형태구조를 검색하는 단계의 수를 실행하여 비교하며 이를 위하여 부록 6에 이를 위한 Hyperchem 스크립트 파일을 제시하였다.

4.14.1 모의실험의 결과분석

모의실험 비교대상은 그림 4-12의 수용액에 담근 아스피린을 대상으로 하였다. 초기구조는 단순한 용액속의 분자동력학과정에서 얻어진 안정한 구조를 출발점으로 하였으며 가열과 냉각의 과정은 큰 의미를 갖지 못하므로 0 단계로 설정하였다. 몬테카를로의 실행은 일반 4.11절의 동력학 실험시와 같은 수의 형태구조를 생산하도록 10,000 단계(run step)의 계산으로 실행하였으며 최대변이폭은 0.05 Å으로 제한하였다.

그림 4-17 a)를 면밀히 검토하면 전체적으로 형태구조의 윤곽은 그림 4-13의 안정화된 구조와 같은 형태인 것으로 보인다. 다른 세 개의 이면각은 180도 정도의 값으로 벤젠환과 거의 평면을 유지하는 것으로 보이고 아세틸기는 −50±10도의 값으로 두가지 모의실험이 거의 같은 형태구조를 보인다. 그러나 자세히 검토해 보면 아세틸기의 평면성은 두가지 경우 약간 다른 값을 보인다. 즉, 안정화된 수용액은 −60±10도이지만 몬테카를로에서는 −40±10도의 값으로 20도 정도의 차이를 보인다. 그러나 일반 수용액의 동력학에서 아세틸기의 안정화는 이제 막 시작하는 단계

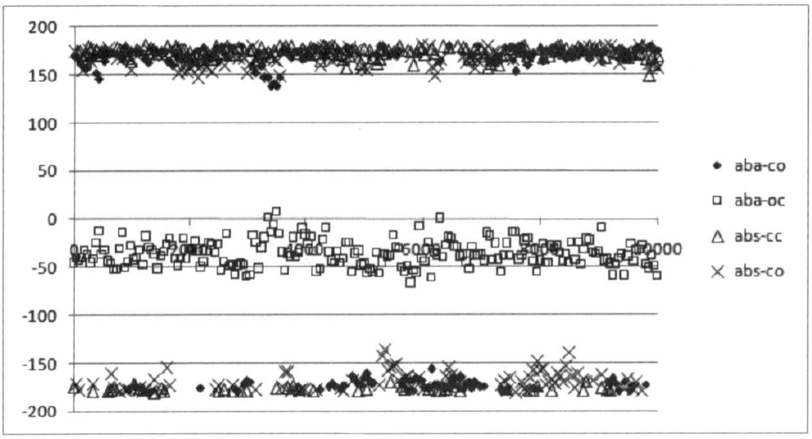

a

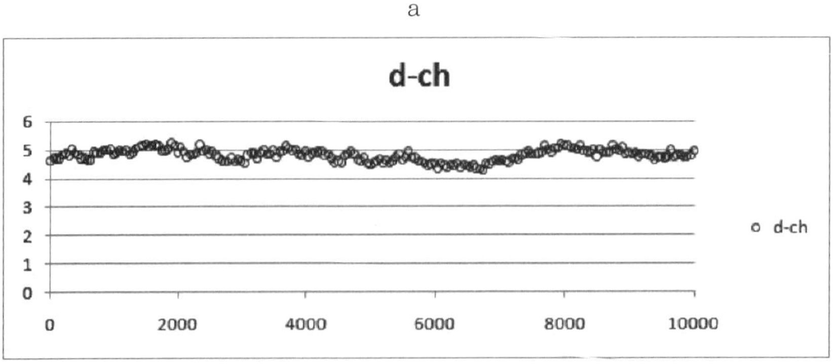

b

그림 4-17 | 아스피린 수용액의 몬테카를로 실험 결과 – a) 아스피린의 벤젠환과 아세틸기 및 카르복실기의 이면각, b) 두 원자간의 거리가 안정적인 변화폭을 보인다.

이어서 5ps이후의 향방이 어떻게 변화할지 예측하기 어려운 측면이 있는 반면 몬테카를로 실험의 경우는 이렇게 무작위로 찾아진 형태구조가 10,000 단계의 계산과정에서 평균치로 일정한 값을 유지하는 모습을 보이고 있어서 예측한 바와 같이 몬테카를로 실험은 시간의존 특성보다는 형태구조의 앙상블 평균치의 산출에 더 적합함을 예측할 수 있다.

이러한 미세한 차이는 카르복실기의 수소와 아세틸기의 탄소와의 거리(그림 4-17 b)에서도 볼 수 있다. 이 길이 d-ch는 가열 후 3ps의 평형기간 내에 거의 일정한 5.7Å의 값을 보이며 앞으로 시간을 연장한다 해도 변할 것 같지 않아 보이지만 몬테카를로 모의실험에서는 4.9Å정도로 5Å을 넘지 않으려는 특성을 보인다.

4.14.2 연습 – 몬테카를로 동력학의 검증

과제 4-14-1 : Imidapril과 Alprenolol 약물분자의 몬테카를로 동력학을 실행한 후, 진공상태, 주기적 용매 복제상자, 그리고 랑제방 동력학실험과 비교, 검토한다.

4.15 모의담금질(Simulated Annealing) 동력학 – 용액속의 아스피린

담금질(annealing)이란 일반적으로 고체의 결정성 구조를 만드는데 사용되는 기법을 말하는데 이를테면 어떤 금속을 용융상태로 만든 후 서서히 냉각(anneal)시키므로서 보다 완벽한 결정성을 가지도록 유도하는 방법에서 유래한다. 고체구조의 경우 완벽한 결정성이란 가장 안정한 상태, 즉 최저에너지상태(global minimum)의 결정을 말하며 겉보기에 결정성을 가졌다 해서 모두 최저에너지 상태가 아닌 것처럼 유기분자의 형태구조를 논할 때에도 에너지 최적화 과정을 수행하여 최소에너지 구조를 얻었다 해도 그것이 반드시 최저에너지 상태가 아닌 경우가 얼마든지 가능함을 2.5절에서 이미 논하였다.

모의 담금질(simulated anneling[53])은 흡사 고체의 완전결정을 얻을 때처럼 분자계를 인위적으로 높은 온도로 가열하여 최대에너지보다 높은 에너지 상태를 만든 다음 아주 서서히 냉각시켜가며 분자계로 하여금 최저에너지 상태를 찾아가도록 하는 분자동력학의 기법인 것이다.

이 절에서는 모의담금질의 기술적인 방법에 중점을 두고자 부록 7의 Hyperchem 스크립트 파일을 제시하였으며 초기구조와 파라미터의 설정은 4.11절의 아스피린 수용액의 분자동력학실험과 최대한 유사하게 하였고 다만 실행온도만을 400 K로 설정후 냉각시간(cool-time)을 2ps 첨가하였다.

여기서 현실의 과학적 사실과의 괴리에 크게 신경을 쓸 필요는 없다. 이를테면 ‘아스피린은 물에 녹지 않는다’ 라든가 ‘400 K의 온도에서는 물상자는 폭발하고 말 것이다’ 라는 과학적 소신은 ‘계산상으로는 모든 것을 실험해 볼 수 있는’ 과학적 상상력에 잠깐 자리를 양보해 봄도 괜찮을 것이며 굳이 ‘물 한통에 아스피린 한 분자 쯤이야 그럭저럭 녹겠지!’ 하는 부질없는 변명도 필요 없을 것이다. 어차피 초심자의 분자역학의 알고리즘은 물의 끓는 온도라든지 아스피린의 물에 대한 용해도와 같은 거시적 개념은 포함되어 있지 않다.

4.15.1 모의담금질의 결과분석

용액상의 분자동력학 실험과 같은 초기구조로 진행하였을 때에 그림 4-18의 에너지 프로파일(a)을 얻을 수 있다. 400 K의 온도에 의존하는 운동에너지와 위치에너지를 합한 총에너지가 온도의 행동을 그대로 보여주고 있으며 분자계는 안정적 분자동력학을 따르고 있음을 볼 수 있다. 다반, 냉각이 완료된 시점에서의 위치에너지는 초기의 구조최적화 에너지 값보다 350 kcal/mol 정도 더 안정화되어 있음을 확인할 수 있다.

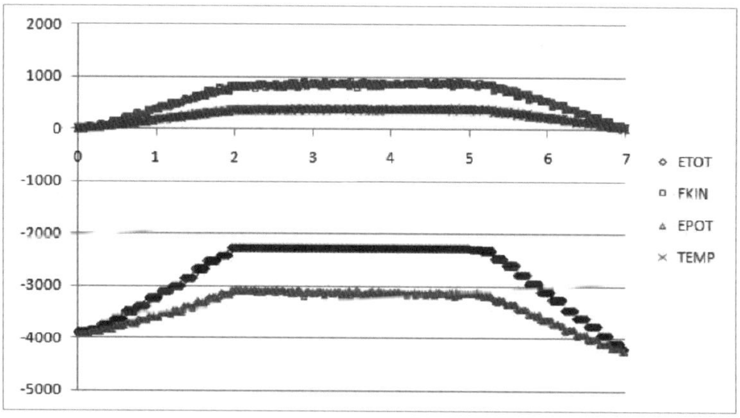

a

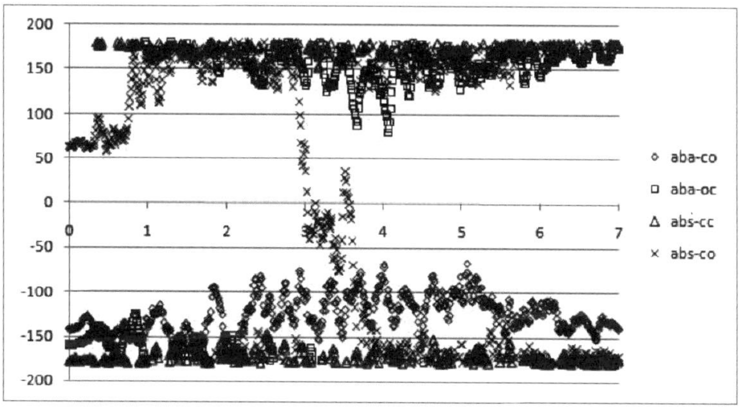

b

(그림 4-18 다음페이지에 계속)

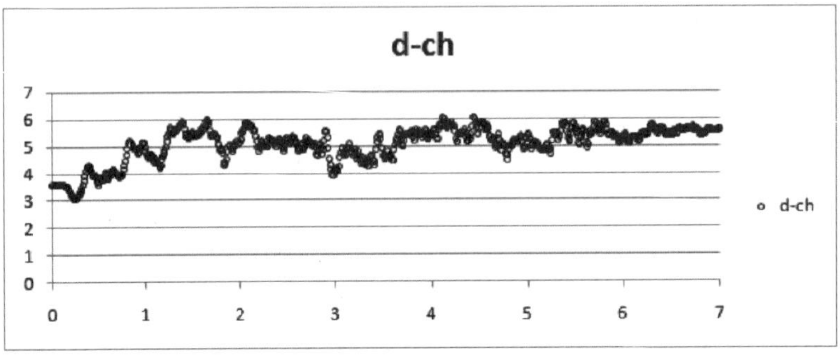

c

그림 4-18 | 아스피린 수용액의 모의담금질 실험 결과 – a) 위로부터 운동에너지, 온도, 총에너지 그리고 위치에너지의 행동을 보이며, b) 형태구조의 변화를 벤젠환과 아세틸기 및 카르복실기의 이면각으로 보여주고, c) 두 원자간 거리를 보여준다.

형태구조적 변화(그림 4-18 b)를 관찰하여 보면 초기 가열과정인 2ps까지의 행동은 4.11절의 동력학과 큰 차이를 보이지 않는다(그림 4-13). 그러나 그 이후 300 K를 넘어서 400 K에서부터는 원자들의 운동성에서 오는 이면각의 요동침을 확인할 수 있다. 가장 두드러지는 것은 abs-co, 즉 카르복실산기가 벤젠환과의 이면각에서 초기의 60도가 180도로 안정화 되는 듯하다가 3ps, 즉 400 K에 도달하면서 0.7ps 정도의 시간 동안에 한 바퀴 회전하는 모습을 보인다. 특히 아세틸기는 상온에서는 −60±10도 정도로 안정화되었으나 고온의 중간시점(4ps)부터는 180도 근처의 평면성을 만들어 냄을 알 수 있다.

또한 상온(300K)에서는 얌전하던 아세톡실기의 평면성이 400K 구간에서 120도 정도의 폭으로 요동침을 관찰하게 된다. 이러한 운동의 폭은 전반적으로 상온에서는 보이지 않던 것이며 400 K의 온도로서 분자계가 가지는 열에너지를 감안하면 쉽게 이해할 수 있는 일이다.

이러한 동력학적 행동은 냉각의 과정(5~7ps)에서는 요동의 폭도 점차 줄어들기 시작하며 또한 아세틸기 등은 어떤 특정한 형태(180도)로 수렴해 가는 과정을 연출하고 있다. 결과적으로 냉각이 완전히 완결된 시점인 7ps에서는 모든 이면각이 평면형으로 안정화됨을 보이며 이는 초기구조와는 달라진 형태구조로 분석된다.

그러면 이 냉각된 구조가 아스피린의 최저에너지구조라 할 수 있을까? 일단은 냉각이 완료된 시점에서 초기보다 낮아진 위치에너지의 원인이 어떤 성분에너지에 의한 것인지를 분석하는 것이 결론을 얻기 전에 해야 할 일이다. 성분에너지의 값이 구조적 합리성을 보여준다면 그 구조가 단순한 기하학적 구조최적화로는 얻지 못하던 최소에너지 구조일 수 있다. 그러나 개념상으로 일단은 기하학적 구조최적화로 얻어졌던 초기구조에는 원자들의 운동에 따른 열에너지가 반영되지 않은 구조이지만 담금질로 냉각된 구조에는 열에너지에 의한 원자의 운동성이 반영된 것이라는 이론적 차이를 이해해야 할 것이다.

다른 한편으로 생각할 것은 모의담금질이 형태구조의 공간을 샅샅이 검색하는 것만이 최종 목적은 아니라는 사실이다. 그림 4-18 b)에서 보듯이 아스피린 분자내의 유동성은 국지적 차이를 보인다. 즉, 어떤 부분은 활발하게 운동하고 어떤 부분은 안정화된 구조적 특성을 보인다는 것이다. 이러한 가상의 실험을 이용하면 분자의 최적화된 구조 하나만으로 알 수 없었던 시간적 동력학적 특성을 예견할 수 있다는 것이다. 아스피린분자 같이 작은 분자의 내적 운동성이야 극적인 변화를 보여줄 것이 없으나 이러한 실험이 단백질과 같은 거대 생체분자에 적용될 경우에는 2차구조나 3차구조의 배열에 따라 국지적 운동성과 안정성(local mobility and stability)의 차이에 대한 다양한 양상을 예측할 수 있을 것이다. 즉, 단백질의 안정성과 변성행동(denaturation) 또는 접힘(folding)과 풀림(unfolding)을 예측하는 문제가 최소에너지구조 자체보다 더 유용한 실험결과일 수 있다는 것이다.

4.15.2 연습 – 모의담금질 동력학의 응용

과제 4-15-1 : Fosinopril과 Bisoprolol 분자의 기하학적 최적화 구조와 모의담금질 실험으로 500K에 가열한 후 완전냉각(0K)시에 얻은 구조를 에너지 적으로 비교, 분석한다.

과제 4-15-2 : 크기가 작은 단백질 분자의 데이터뱅크 구조를 구하여 다음, 2차구조의 국소적 안정성와 변성특성을 모의담금질을 이용하여 관찰 할 수 있는지 연구한다.

제 5 장 새로운 출발

Molecular Modeling
- Basics and applications

"예술(과학)은 새로운 욕심(호기심)의 창조이다"

– 백남준 –

분자모델링이라는 학분분야 전체를 놓고 보면 여기 제시한 내용과 방법들은 극히 일부분에 불과한 것이며 이외에도 컴퓨터를 이용한 모델링으로 할 수 있는 분야는 점차로 확대되어 가고 있는 추세이다. 특히 응용의 후반부에 접한 분자동력학과 그 유사 동력학들은 물질계의 정적(static) 구조를 넘어서서 온도와 시간함수를 포함하여 동적(dynamic) 현상까지를 취급하므로서 모의실험으로서 얻을 수 있는 정보의 다양성을 보여주려 노력하였다.

그러나 여기까지 편집한 내용은 일단은 분자모델링에 대한 입문서를 목표로 한 것이며 한 학기 한 강좌에 적합하도록 내용과 분량을 조절한 것이다. 따라서 수강자들의 수행능력에 따라서 부여하는 과제의 양은 얼마든지 가감 조절하며 대상자의 학문적 수요에 맞게 교육할 수 있으리라 생각된다. 그럼에도 여기 제시한 연습과제를 모두 포함한다면 그 학습량은 결코 만만한 분량은 아니라 생각된다. 한편으로는 수강자들의 수행능력과 성취의지에 따라서는 이 분량을 넘어서 보다 고급단계의 과제도 이 책의 이론적 내용으로 충분히 접근할 수 있을 것으로 생각된다.

분자모델링 도구, 즉 컴퓨터 프로그램도 본 교재에서 주로 사용된 Hyperchem은 정적 동적 모델링의 거의 모든 기능을 제공하고 있어서 세밀하게 파라미터를 조절하고 꼼꼼히 연산을 실행한다면 국제 학술지에 투고할수 있는 품질의 연구를 수행할 수도 있으며 적어도 pc용이 아닌 수퍼컴퓨터용 분자역학 및 양자역학프로그램의 운용을 연습하기 위한 훈련용으로는 완벽한 대안을 제시하고 있다.

다만, 그 한계로 꼽을 수 있는 것은 프로그램자체의 한계보다 pc기반의 연산환경의 한계에 의하여 아직은 생체분자들을 위한 나노초(ns)단위의 동력학실험에는 적합하지 않다는 것이다. 이런 수준의 계산을 위해서는 AMBER나 CHARMM등 수퍼컴퓨터용 프로그램의 사용이 필수적일 것이며 이 책으로 훈련된 사용자는 곧바로 적응할 수 있을 것으로 사료된다.

이 입문서 이후의 단계에서도 취급할 것은 많다. 우선 작은 분자계에서는 동등체(isosterism)문제를 비롯하여 생체분자에서는 핵산계와 지질 및 탄수화물의 모델링

등이 아직 숙제로 남아 있으며 시간과 온도함수가 포함된 경우에는 열역학적 자유에너지와 현실적으로 의미 있는 시간단위의 동력학과 보다 넓은 영역의 형태구조 공간의 검색 등은 분자모델링의 중급단계에서 취급하게 될 것이다.

참고문헌

[1] E. Schroedinger, An undulatory theory of the mechanics of atoms and molecules, *Phys. Rev.* 28, 1049–1070 (1926).

[2] L. Pauling, *The nature of chemical bond*, Pasadena, CA, USA (1938).

[3] C.A. Coulson, *Valence*, Oxford, UK (1952).

[4] G.N. Lewis, The Atom and the Molecule, *J. Am. Chem. Soc.* 38, 762–785 (1916).

[5] R.J. Gillespie, *J. Chem. Educ.* 47, 18–??? (1970).

[6] *ab initio* : from the beginning 이라는 라틴어로 최소한의 공리만으로 출발하는 계산법을 말한다.

[7] W.J. Hehre, W.A. Lathan, R. Ditchfield, M.D. Newton, J.A. Pople, Gaussian 70 (Quantum Chemistry Program Exchange, Program No. 237, (1970); http://www.gaussian.com.

[8] E. Hückel, *Z. Phys.* 70, 204 (1931); 72, 310 (1931); 76, 628 (1932); 83, 632 (1933).

[9] J.J.P. Stewart, MOPAC: A Semiempirical Molecular Orbital Program. *J. Computer-Aided Molecular Design* 4, 1–105 (1990).

[10] N.L. Allinger, *J. Am. Chem. Soc.* 99, 8127 (1977).

[11] S.J. Weiner, P.A. Kollman, D.A. Case, U.C. Singh, C. Ghio, G. Alagona, S. Profeta Jr. , P. Weiner, A new force field for molecular mechanical simulation of nucleic acids and proteins, *J. Am. Chem. Soc.* 106, 765–784 (1984).

[12] B.R. Brooks, R.E. Bruccoleri, B.D. Olafson, D.J. States, S. Swaminathan, M. Karplus, CHARMM: A program for macromolecular energy, minimization, and dynamics calculations *J. Comput. Chem.* 4, 187-217 (1983).

[13] Jorgensen, W.L.; Tirado–Rives, J. The OPLS potential functions for proteins. Energy minimizations for crystals of cyclic peptides and crambin. *J. Am. Chem. Soc.* 110, 1657-1666, (1988).

[14] CambridgeSoft Corporation, Cambridge Scientific Computing, Inc., Cambridge, MA, USA (2001). http://www.camsoft.co.kr.

[15] HyperChem(TM) Professional 8.0, Hypercube, Inc., 1115 NW 4th Street, Gainesville, Florida 32601, USA (2007). http://www.hyper.com.

[16] SYBYL 8.0, Tripos International, 1699 South Hanley Rd., St. Louis, Missouri, 63144, USA (2010). http://www.tripos.com.

[17] E.F. Pettersen, T.D. Goddard, C.C. Huang, G.S. Couch, D.M. Greenblatt, E.C. Meng, T.E. Ferrin, UCSF Chimera-a visualization system for exploratory research and analysis. *J Comput Chem.* 25. 1605-12 (2004). http://www.cgl.ucsf.edu/chimera.

[18] R.J. Gillespie and R.S. Nyholm, *Quart.Rev.* 11, 339 (1957).

[19] V.G.S. Box, The Molecular Mechanics of Quantized Valence Bonds. *Journal of Molecular Modeling* 3, 124-141 (1997).

[20] Originally proposed by Hermann Emil Fischer in 1891 for the depiction of carbohydrates, Graphical representation of stereochemical configuration (IUPAC Recommendations), 1933-1934 (2006).

[21] R.S. Cahn, C.K. Ingold, V. Prelog, Specification of Molecular Chirality, *Angew. Chem. Int. Ed.* 5, 385-415 (1966).

[22] J.E. Lennard-Jones, On the Determination of Molecular Fields, *Proc. R. Soc. Lond.* A 106 (738), 463-477 (1924).

[23] A.D. McNaught, IUPAC, Compendium of Chemical Terminology, Blackwell Science Inc. (1997).

[24] G.M. Crippen, T.F. Havel, Distance Geometry and Molecular Conformation, John Wiley & Sons (1988).

[25] W.F. van Gunsteren, H.J.C. Berendsen, Computer simulation of molecular dynamics – Methodology, applications, and perspectives in chemistry, *Angewandte Chemie, International Edition in English*, 29, 992-1023 (1990).

[26] N. Metropolis, The beginning of the Monte Carlo method, *Los Alamos Science*, 125-130 (1987); N. Metropolis, A.W. Rosenbluth, M.N. Rosenbluth, A.H. Teller, E. Teller, "Equation of State Calculations by Fast Computing Machines". *Journal of Chemical Physics,* 21 (6), 1087 (1953).

[27] P. Langevin, "On the Theory of Brownian Motion", C. R. Acad. Sci., 146, 530-533 (1908).

[28] T. Schlick, Molecular Modeling and Simulation: An Interdisciplinary Guide. *Interdisciplinary Applied Mathematics series*, vol. 21, Springer, New York, NY, USA. (2002).

[29] H.J.C. Berendsen, J.P.M. Postma, W.F. van Gunsteren, and J. Hermans, In

Intermolecular Forces, edited by B. Pullman (Reidel, Dordrecht), p. 331. (1981); H. J. C. Berendsen, J. R. Grigera, and T. P. Straatsma. The Missing Term in Effective Pair Potentials. *J. Phys. Chem.*, 91, 6269–6271 (1987).

[30] W.L. Jorgensen, Quantum and statistical mechanical studies of liquids. 10. Transferable intermolecular potential functions for water, alcohols, and ethers. Application to liquid water. *J. Am. Chem. Soc.*, 103, 335–340 (1981).

[31] IUPAC–IUB Joint Commission on Biochemical Nomenclature (JCBN), Nomenclature and Symbolism for Amino. Acids and Peptides, *Pure & Appi. Chem.*, 56 (5), 595–624 (1984).

[32] F.M. Richards, *J. Mol. Biol.*, 82, 1–14 (1974).

[33] G.N. Ramachandran, A.S. Kolaskar, C. Ramakrishnan, V. Sasisekharan, *Biochim. Biophys. Acta*, 359, 298–302 (1974).

[34] G.N. Ramachandran and V. Sasisekharan, *Adv. Protein Chem.*, 23 283–437 (1968).

[35] M.S. Kim, A. Lim, S.W. Yang, J. Park D. Lee, D.H. Shin, *Acta Crystallogr., Sec D.* 69. 658 (2013).

[36] K. Gopalakrishnan, S.S. Sheik and K. Sekar, Ramachandran plot 2.0, *Protein Pept. Lett.*, 14, 669–671 (2007).
http://dicsoft1.physics.iisc.ernet.in/rp/index.html

[37] W.F. DeGrado, F.J. Kezdy and E.T. Kaiser, *J. Amer. Chem. Soc.*, 103, 679–681 (1981).

[38] T. Nakai, K. Okada, S. Akutsu, I. Miyahara, S. Kawakuchi, R. Kato, S. Kuramitsu, K. Hirotsu, Structure of Thermus Thermophilus HB8 Aspartate Aminotranferase and its Komplex with Maleate, *Biochemistry*, 38, 2413 (1999).

[39] Elsevier MDL, CTFile Formats, 14600 Catalina Street, San Leandro, CA 94577 (2005).

[40] J.J.P Stewart, MOPAC Manual (Seventh Edition) (1993).

[41] Hyperchem Release 7.0, Reference Manual, Hypercube, Inc. USA (2002).

[42] H.M. Berman, K. Henrick, H. Nakamura, Announcing the worldwide Protein Data Bank, *Nat. Struc. Biol.*, 10, 980 (2003); Protein Data Bank Contents Guide, Ver 3.30, http://wwpdb.org (2012).

[43] CS Chemoffice 5.0, Cambridge Scientific Computing, Inc., USA (1998).

[44] Any recent version of *Quantum Chemistry* text book explains the detail.

[45] J. Ridley, M.C. Zerner, *Theor. Chim. Acta*, 32, 111–134 (1973).

[46] Y. Takaoka, Y. Kioi, A. Morito, J. Otani, K. Arita, E. Ashihara, M. Ariyoshi, H. Tochio, M. Shirakawa, and I. Hamachi, Quantitative comparison of protein dynamics in live cell and in vitro by in-cell 19F-NMR, "to be published" (2013).

[47] P. Petit, T. Granier, B.L. d'Estaintot, C. Manigand, K. Bathany, J.M. Schmitter, V. Lauvergeat, S. Hamdi, and B. Gallois, *J. Mol. Biol.*, 368, 1345-1357 (2007).

[48] 포도주용의 유럽산 포도품종의 학술명

[49] S. Rao, M. Rossmann, "Comparison of super-secondary structures in proteins", *J. Mol. Biol.*, 76, 241-256 (1973).

[50] A.I. Sobolevsky, M.P. Rosconi, E. Gouaux, X-ray structure, symmetry and mechanism of an AMPA-subtype glutamate receptor, *Nature,* 462, 745-758 (2009).

[51] W.L. Jorgensen, J. Chandrasekhas, J.D. Madura, R.W. Impey, M.L. Klein, Comparison of simple potential functions for simulation liquid water, *J. Chem. Phys.* 79, 926-935 (1983).

[52] R.K. Singh, A.S. Ethayathulla, T. Jabeen, S. Sharma, P. Kaur, T.P. Singh, Aspirin induces its anti-inflammatory effects through its specific binding to phospholipase A2, *J. Drug Target*, 13, 113-119 (2005).

[53] S. Kirkpatrick, C.D. Gelatt, M.P. Vecchi, Optimization by Simulated Annealing, *Science* 220, 671-680 (1983).

부 록 분자동력학 실행 스크립트 파일

1. Hyperchem script file for MD simulation of aspirin in vacuum

```
;
; Aspirin-MD Script file            2013.7.9. K.L. Park
;    Asp : asp-o -> MD -> asp-5ps.hin : 2ps-3ps
;
molecular-mechanics-method mm+
calculation-method MolecularMechanics

start-logging asp-md-5ps.out true
open-file asp-o.hin

dynamics-heat-time 2.0
dynamics-run-time 3.0
dynamics-time-step 0.0005
dynamics-simulation-temp 300
dynamics-temp-step 10
dynamics-constant-temp true
dynamics-bath-relaxation-time 0.1
dynamics-collection-period 20
dynamics-snapshot-period 5
dynamics-average-period 1
dynamics-restart true

append-dynamics-average ETOT
append-dynamics-average EKIN
append-dynamics-average EPOT
append-dynamics-average TEMP
```

```
append-dynamics-average aba-co
append-dynamics-average aba-oc
append-dynamics-average abs-cc
append-dynamics-average abs-co
append-dynamics-average d-CH
append-dynamics-graph d-CH
append-dynamics-graph aba-co
append-dynamics-graph abs-co
append-dynamics-graph TEMP

;One step MD for Warm-up(2ps) & Equilibrium(3ps)
do-molecular-dynamics
 write-file asp-md-5ps.hin

append-omsgs-to-file asp-md-5ps.out
query-value total-energy
query-value rms-gradient
stop-logging
omsgs-not-to-file
exit-script
```

---

2. Hyperchem script file for long time running MD simulation of aspirin in vacuum

```
;
; Aspirin-MD Script file            2013.7.10. K.L. Park
;    Asp : asp-5ps.hin -> MD -> asp-100ps.hin
;
molecular-mechanics-method mm+
calculation-method MolecularMechanics

start-logging asp-100ps.out true
```

```
open-file asp-md-5ps.hin
write-file asp-5ps.hin

dynamics-heat-time 0.0
dynamics-run-time 100.0
dynamics-time-step 0.0005
dynamics-simulation-temp 300
dynamics-constant-temp true
dynamics-bath-relaxation-time 0.1
dynamics-collection-period 100
dynamics-snapshot-period 10
dynamics-average-period 10
dynamics-restart true

;append-dynamics-average ETOT
;append-dynamics-average EKIN
append-dynamics-average EPOT
append-dynamics-average TEMP
append-dynamics-average aba-co
append-dynamics-average aba-oc
append-dynamics-average abs-cc
append-dynamics-average abs-co
append-dynamics-average d-CH
;append-dynamics-graph d-CH
;append-dynamics-graph aba-co
;append-dynamics-graph abs-co
;append-dynamics-graph TEMP

do-molecular-dynamics
 write-file asp-100ps.hin

append-omsgs-to-file asp-100ps.out
query-value total-energy
query-value rms-gradient
stop-logging
```

```
omsgs-not-to-file
exit-script
```

3. Hyperchem script file for MD simulation of aspirin in water solution

```
;
; Aspirin-MD Script file            2013.7.12. K.L. Park
;     Asp : asps-o -> MD -> asps-5ps.hin : 2ps-3ps
;
molecular-mechanics-method amber94
calculation-method MolecularMechanics

start-logging asps-o.out true
file-format hin
open-file asps-o.hin

dynamics-heat-time 2.0
dynamics-run-time 3.0
dynamics-time-step 0.0005
dynamics-simulation-temp 300
dynamics-temp-step 10
dynamics-constant-temp true
dynamics-bath-relaxation-time 0.1
dynamics-collection-period 20
dynamics-snapshot-period 5
dynamics-average-period 1
dynamics-restart true

append-dynamics-average ETOT
append-dynamics-average EKIN
append-dynamics-average EPOT
```

```
append-dynamics-average TEMP
append-dynamics-average aba-co
append-dynamics-average aba-oc
append-dynamics-average abs-cc
append-dynamics-average abs-co
append-dynamics-average d-ch
append-dynamics-graph d-ch
append-dynamics-graph aba-co
append-dynamics-graph abs-co
append-dynamics-graph TEMP

;One step MD for Warm-up(2ps) & Equilibrium(3ps)
do-molecular-dynamics
 write-file asps-w.hin

append-omsgs-to-file asps-o.out
query-value total-energy
query-value rms-gradient
stop-logging
omsgs-not-to-file
exit-script
```

---

4. Script file for MD of aspirin-PLA2 complex in water solution

```
;
; Aspirin-MD Script file            2013.7.14. K.L. Park
;    Asp : Ocr-0 -> MD -> ocr-5ps.hin : 2ps-3ps
; 1OXR +H +Charge +parameter + restraints -> Ocr-0
; Ocr-0 -> Water -> Ocrs-0 -> Optimize -> ocrs-o
; OXR+PLA2 in water box 56.1041 * 56.1041 * 56.1041 : 5833
; SD 10 kcal --> CG 5 kcal
;
```

```
molecular-mechanics-method amber94
calculation-method MolecularMechanics

start-logging ocrs-5ps.out true
open-file ocrs-o.hin
write-file ocrs-s.hin

dynamics-heat-time 2.0
dynamics-run-time 3.0
dynamics-time-step 0.0005
dynamics-simulation-temp 300
dynamics-temp-step 10
dynamics-constant-temp true
dynamics-bath-relaxation-time 0.1
dynamics-collection-period 20
dynamics-snapshot-period 5
dynamics-average-period 1
dynamics-restart true

append-dynamics-average ETOT
append dynamics-average EKIN
append-dynamics-average EPOT
append-dynamics-average TEMP

append-dynamics-average aba-co
append-dynamics-average aba-oc
append-dynamics-average abs-cc
append-dynamics-average abs-co
append-dynamics-average d-oc

append-dynamics-average d-o-hn29
append-dynamics-average d-o-co28
append-dynamics-average d-o-co49
append-dynamics-average d-o-w252
```

```
append-dynamics-average d-c3-ca30
append-dynamics-average d-c-ca30
append-dynamics-average d-cx-c30
append-dynamics-average d-ar-ar05

append-dynamics-average d-oca
append-dynamics-average ca-co29
append-dynamics-average ca-co27
append-dynamics-average ca-co31
append-dynamics-average ca-co48
append-dynamics-average ca-ox48
append-dynamics-average ca-o122

;One step MD for Warm-up(2ps) & Equilibrium(3ps)
do-molecular-dynamics
 write-file ocrs-5ps.hin

append-omsgs-to-file ocrs-5ps.out
query-value total-energy
query-value rms-gradient
stop-logging
omsgs-not-to-file
exit-script
```

5. Script file for Langevin Dynamics of Aspirin

```
;
; Aspirin-MD Script file            2013.7.12. K.L. Park
;     Asp : asp-o -> Langevin D -> asp-5ps.hin : 2ps-3ps
;
molecular-mechanics-method amber94
calculation-method MolecularMechanics
```

```
start-logging asp-lv.out true
file-format hin
open-file asp-o.hin
 write-file asp-lv-0.hin

dynamics-heat-time 2.0
dynamics-run-time 3.0
dynamics-cool-time 0.0
dynamics-time-step 0.0005
dynamics-simulation-temp 300
dynamics-temp-step 10
dynamics-constant-temp true
dynamics-bath-relaxation-time 0.1
dynamics-seed -1108
dynamics-friction-coefficient 0.05
dynamics-collection-period 20
dynamics-snapshot-period 5
dynamics-average-period 1
dynamics-restart true

append-dynamics-average ETOT
append-dynamics-average EKIN
append-dynamics-average EPOT
append-dynamics-average TEMP
append-dynamics-average aba-co
append-dynamics-average aba-oc
append-dynamics-average abs-cc
append-dynamics-average abs-co
append-dynamics-average d-ch
append-dynamics-graph d-ch
append-dynamics-graph aba-co
append-dynamics-graph abs-co
append-dynamics-graph TEMP
```

```
;One step MD for Warm-up(2ps) & Equilibrium(3ps)
do-langevin-dynamics
 write-file asp-lv-5ps.hin

append-omsgs-to-file asp-lv.out
query-value total-energy
query-value rms-gradient
stop-logging
omsgs-not-to-file
exit-script
```

---

6. Script file for Monte Carlo Simulation

```
;
; Aspirin-MD Script file             2013.7.14. K.L. Park
; Molecular size : 6.9 * 2.7 * 6.7
; Cubic Box : 20*20*20
; Number of TIP3P Waters : 265 - aspc(12) = 253
; Total Number of atoms : 253*3 + 21 = 759+21 = 780

; Monte carlo simulation
;
molecular-mechanics-method amber94
calculation-method MolecularMechanics

start-logging asps-mc.out true
open-file asps-t09.hin
write-file asps-mc.hin

monte-carlo-heat-steps 0
monte-carlo-cool-steps 0
monte-carlo-run-steps 10000
```

```
monte-carlo-max-delta 0.05
dynamics-simulation-temp 300
dynamics-temp-step 10
dynamics-constant-temp true
dynamics-bath-relaxation-time 0.1
dynamics-seed -1108
dynamics-collection-period 50
dynamics-snapshot-period 5
dynamics-average-period 1
dynamics-restart true

append-dynamics-average ETOT
append-dynamics-average EKIN
append-dynamics-average EPOT
append-dynamics-average TEMP

append-dynamics-average aba-co
append-dynamics-average aba-oc
append-dynamics-average abs-cc
append-dynamics-average abs-co
append-dynamics-average d-ch

do-monte-carlo
 write-file asps-mc-1000.hin

append-omsgs-to-file asps-mc.out
query-value total-energy
query-value rms-gradient
stop-logging
omsgs-not-to-file
exit-script
```

7. Script file for Simulated Annealing Molecular Dynamics Simulation

```
;
; Aspirin-MD Script file            2013.7.16. K.L. Park
;    Asp : asps-o -> MD -> asps-SA-5ps.hin : 2ps-3ps
;
molecular-mechanics-method amber94
calculation-method MolecularMechanics

start-logging asps-SA.out true
file-format hin
open-file asps-o.hin
 write-file asps-SA-0.hin

dynamics-heat-time 2
dynamics-run-time 3
dynamics-cool-time 2
dynamics-time-step 0.0005
dynamics-starting-temp 0
dynamics-simulation-temp 400
dynamics-temp-step 30
dynamics-constant-temp false
dynamics-bath-relaxation-time 0.1
dynamics-collection-period 20
dynamics-snapshot-period 5
dynamics-average-period 1
dynamics-restart true

append-dynamics-average ETOT
append-dynamics-average EKIN
append-dynamics-average EPOT
append-dynamics-average TEMP
append-dynamics-average aba-co
append-dynamics-average aba-oc
```

```
append-dynamics-average abs-cc
append-dynamics-average abs-co
append-dynamics-average d-ch
append-dynamics-graph d-ch
append-dynamics-graph aba-co
append-dynamics-graph abs-co
append-dynamics-graph TEMP

;One step MD for Warm-up(2ps) & Equilibrium(3ps)
do-molecular-dynamics
 write-file asps-SA-5ps.hin

append-omsgs-to-file asps-SA.out
query-value total-energy
query-value rms-gradient
stop-logging
omsgs-not-to-file
exit-script
```

찾아보기

국문

(ㄱ)

(ㅅ)